JAPAN BRAND STRATEGY

ジャパンブランドストラテジー

今治タオルの発展とともに歩んだ
タオルメーカーの奮闘

村上誠司
MURAKAMI SEIJI

幻冬舎 MC

JAPAN BRAND STRATEGY

今治タオルの発展とともに歩んだタオルメーカーの奮闘

はじめに

愛媛県北部に位置する今治市は瀬戸内海に面し半島といくつかの島々からなります。古くから海運業で栄えてきた地域ですが全国的な知名度は低く、以前は読み方すら分からない人がほとんどでした。

そんな地方都市の名を全国に知らしめたのが「今治タオル」です。

水滴が瞬時に消える吸水性とやわらかな肌触りをもった最高級タオルは市場で確固たる地位を確立し、今や世界の一流ホテルにも採用されるほどのブランドへと成長しています。今治タオルの年間の生産量は1万1000トン前後で、国内に流通する国産タオルのシェアの5割以上を占めています。

今治のタオル産業の歴史は古く、1894（明治27）年から連綿と続いてきました。私が経営する丸栄タオルは1958（昭和33）年の創業以来、今治タオルとともに歩み続けてきたメーカーです。

今でこそ、その名が知られるようになった今治タオルですが、ここまでの道のりは決して楽なものではなく、一時は地場産業消滅の危機まで追い込まれました。高度経済成長期において、ＢｔｏＢ領域で生産数を伸ばしたもののバブル崩壊とともに売り上げが減少、加えて１９９０年代には中国製タオルを中心とした安い輸入品が台頭し日本のタオル産業は大きく衰退しました。今治タオルの生産量も１９９１（平成３）年の５万４５６トンから激減し、２００１（平成13）年には最盛期の半分以下となる２万３３９８トンにまで大きく落ち込みました。

地場産業とともに成長してきた丸栄タオルの経営も窮地に立たされました。先の見えない既存事業からの脱却を図り、ＢｔｏＣ市場へ進出しなんとかブランドを確立すべく奮闘しましたが、あがいてもあがいても現実は変わらず赤字が積み重なる一方でした。

「このままでは潰れる……」

倒産の二文字がいつも頭をよぎり、焦りを抱えていました。

地域のタオルメーカーの多くが同じ状況であり、この不況を乗り越えられずに消えていった老舗メーカーもいくつもありました。

状況をなんとか打開すべく今治タオル工業組合（当時は四国タオル工業組合）では、

2003（平成15）年に今治市から計2億円の補助金を受け東京・銀座に今治タオル専門店「いまばりタオルブティック」をオープンし攻勢に打って出ました。

しかし思うように採算ベースに乗らず、結局補助金の給付終了とともに3年で撤退することになりました。

その間にも地域のタオル生産量は下がり続け、企業数や従業員数の減少にも拍車が掛かり、もはや歯止めが利かない状態となっていました。

地場産業消滅の悲観論が飛び交うなか、潮目が変わる一つの出来事がありました。2006（平成18）年に中小企業庁が手掛ける「JAPANブランド育成支援事業」に今治タオルが採択されたのです。

それをきっかけに関係者の心に再び灯がともりました。そして工業組合、今治市が一丸となりスタートしたのが「今治タオルプロジェクト」でした。丸栄タオルも今治のブランドづくりに貢献していくとともに、独自で新たに銀座に店舗を出店するなど、大勝負に打って出ました。

「これが、最後のチャンスだ。ここを逃せば、もうあとがない」

長い歴史のなかで培ってきた技術、そして品質には絶対の自信がありました。あとはそれをどう認知してもらうかです。背水の陣で経営改革に臨み、冷え切った国内市場から海外へと目を向けて、まだ見ぬブルーオーシャンを探し続けました。

地道に営業活動を続け、ブランドを発信し続けていくなかで少しずつ変化が起きました。別次元の使い心地の、すばらしいタオルがある。

そんな評判が広まり、メディアで次第に取り上げられるようになったのです。今治タオルの名が浸透していくことで丸栄タオルの経営状況も回復し、売上は伸びていきました。まさにどん底からの逆転劇でした。

今治タオルの物語は丸栄タオルの歴史でもあります。

本書では、一度は地場産業消滅の瀬戸際までいった今治タオルがなぜ再び蘇り、日本が誇るブランドとなることができたのか、当事者という立場からその復活までの物語を克明に描いていきたいと思います。また、そのなかで丸栄タオルはどんな役割を担い、どう経営をV字回復させたのかについても併せて述べていきます。

本書が地場産業再興のヒントとなり経営のなんらかの助けとなったなら、著者としてとても幸せです。

目次

第1章

戦後、繊維産業が栄え今治は一大タオル産地に――

時流に乗り下請けとして産声を上げた丸栄タオル

第2章

各タオルメーカーと協力して始まった「今治タオルプロジェクト」――

売上立て直しの第一歩として挑戦したSPA（製造直販）事業

第3章

「今治タオル」を全国へ――

今治ブランドの認知向上を追い風に組合に先駆けて自社オリジナルタオルで東京・銀座へ出店

第4章 日本のものづくりは世界で通用すると信じて――

高品質のタオルで販路拡大を目指し海外市場に挑戦

第5章 顧客ニーズの追求が今治ブランドのものづくりを強化する──

序章

ジャパンブランドストラテジー――

高級タオルブランド「今治タオル」の幕開け

日本のおもてなし文化を、世界へ

2012（平成24）年5月17日――。東京・丸の内にパレスホテル東京が華々しくオープンしたこの日が、今思えば大きなターニングポイントでした。

世界最高峰のホテルが名を連ねるフォーブス・トラベルガイドで3年連続5つ星を獲得したパレスホテル東京は、世界のVIPから愛される存在です。そんな国際的なホテルのショッピングアーケードの一角に、今治タオル専門店・今治浴巾《よっきん》ののれんが掲げられました。これは、今治タオルというブランドの歴史のなかでも特筆すべき快挙です。

さらにパレスホテル東京のアメニティとしても今治で制作したバスマットやバスローブが採用され、今治タオルが日本のおもてなし文化を世界に発信するための一翼を担うことになりました。オープニングセレモニーで現在の専務でもある渡部 勝総支配人から受けたアメニティのなかでもバスマットには特に徹底的にこだわったという言葉は私にとってこの上ない賛辞であり、身が震える思いでした。自分たちがやってきたことは間違いではないのだと、強く確信しました。東日本大震災の傷跡がいまだ色濃く残りつつ日本が再び

パレスホテル東京

前を向いて歩き出そうとしていたこのタイミングで、今治タオルというブランドもようやく世界へと羽ばたくきっかけをつかもうとしていたのです。

ただ、今でこそそう振り返ることができますが、当時の今治タオルの認知度は現在よりはるかに低いものでした。今治タオルという地域ブランドが全国で知られるようになり、高級タオルブランドとしてその名を世界に知らしめていくまでには、さまざまな戦略や施策の積み重ねがあり、苦悩と挫折があり、再生へ向けた苦闘の物語がありました。

日本のタオル産業の夜明け

愛媛県の今治地方には、かなり古くから繊維業が根づいていました。

奈良時代から平安時代にかけての宝物が収められている東大寺正倉院に絁《あしぎぬ》という絹織物の一種が現存し、そこには「伊予國越智郡石井郷」「天平十八年」という記述が見て取れます（『正倉院紀要』第一九号年次報告。図版175）。伊予國とは現在の愛媛県であり、この絁が収められたのは746（天平18）年であることが示されていて、奈良時代にはすでに今治で織物が作られていたと見られます。

タオルの原料であり現代で最も一般的な素材である綿については、8世紀末に日本に伝来したもので、それまでは麻と絹が主流でした。その後、利便性に着目した朝廷によって全国に拡散していくのですが、今治で綿の栽培が盛んに行われるようになったのは江戸時代です。1772（安永元）年に穀物に加えて綿花や木綿織の税が新設されており、当時それだけ綿産業が定着していたことが分かります（『今治拾遺』）。今治藩は伊予木綿の生産を奨励して全国へ出荷し、綿織物の一大産地としてその名をとどろかせました。しかし、明治時代になると大阪や兵庫から安価な木綿製品が続々と出回るようになり、それらに押されて徐々に衰退していくことになります。

この伊予木綿を使って誕生した工芸品が伊予絣《いよかすり》です。紺と白の鮮やかなコントラストを特徴とする伊予絣は、今治ではなく現在の松山市で1800年頃に生まれましたが、今治タオルの大きな特徴である先晒《さら》し先染め製法がすでに伊予絣で採用されていたという点は、特筆すべきものです。

伊予木綿の凋落を憂いた矢野七三郎という人物が、当時最先端の織物とされた紀州（現在の和歌山県）の綿ネルを学びに行き、そこから独自の伊予ネルを開発しました。綿ネルとは綿織物に起毛加工を施した丈夫な織物のことで、柔らかい肌触りに人気が集まり、用途も広いことから織物産業の中核的な存在だったのです。矢野は積極的に流行を取り入れ最新技術を今治にもち帰ったことで、伊予の綿産業を次代につなぐ役割を果たしたのです。

また、伊予ネルの特徴として、糸の段階で晒しや染めを行う先晒し先染め製法が挙げられます。紀州で作られていた綿ネルは糸を織物にしてから染める後染めであったのに対し、伊予木綿伝統の先晒し先染めを受け継ぐ形で開発された伊予ネルは、のちに今治タオルの製法に大きな影響を与えました。生産の合理性としては後染めのほうが上ですが、綿本来の風合いを引き出す品質本位の製法としては先染めが勝ります。こうして当時の中心的生産地であった阪神との差別化を図ったというのは、のちの今治タオルが高級ブランドとして成長戦略をとっていくことと重なって、宿命的なものを感じます。

一方、伊予ネルが完成した1886（明治19）年より少し前、1872（明治5）年には日本に初めてタオルが輸入されています。当時タオルは浴巾と呼ばれており、大阪税関の諸輸入品目に「浴巾手拭2打、7円60銭」という記録が残っています。明治時代の1円は今でいうと4000円近くに相当しますから、かなりの高級品でした。

明治維新から間もない時期の日本では輸入品はとても高価で、人々はタオルが手や顔を拭くためのものだとは思いもよらず、襟巻や首巻として使っていました。そして1880（明治13）年には大阪で初の国産タオルが作られ、以降泉州（現在の大阪府南西部）を中心にタオル製作が広まっていきました。

それに目を付けたのが、今治で伊予ネルの商いを手掛け、のちに今治タオルの父と呼ばれるようになる阿部平助です。泉州から手織りのタオル織機を4台買い入れ、1894（明治27）年に越智郡風早町（現在の今治市風早町）の民家を改造した工場でタオルの製造に着手しました。まだ現代の今治タオルのような特徴を備えるのは先の話ですが、歴史を通じてついにこの地でタオル生産が始まったという意味では、このときこそが今治タオル誕生の瞬間なのです。

小さな民家で手織りされたわずかな数のタオルから、今日に至る今治タオルの歴史は始まりました。

豊富な伏流水が生んだ「四国のマンチェスター」

今治はタオルの生産開始からすぐに全国有数の産地となったわけではありませんでした。最先端の織機は高価で導入のハードルが高かったうえ、手織りですから働き手も増やさなければ生産性は上がりません。折しも日清・日露の戦争のただなかで、繊維産業の役割として軍需品の供給が大きかったなか、当時すでに一大工業地帯の様相を呈していた阪神地域の大量生産に水をあけられる一方でした。

1910（明治43）年、地元の実業家であった麓常三郎がタオルを同時に2列織れる二挺筬《ちょうおさ》バッタン式タオル織機を考案し、自身が経営する会社を中心に導入を進めたことで、今治のタオル生産量は飛躍的に上がります。それを一つのきっかけに、伊予木綿業者が次々にタオル業へと転身しました。

なお当初のタオルは泉州の製造法にならい後染めで作られていましたが、1913年頃に今治のタオル製造業者であった中村忠左衛門が、タオルに柄を織り込めるジャカード織機を導入します。そしてジャカード織機に合わせ先晒し先染めという技法が使われるようになり、この先染めが、大阪をはじめとするほかのタオル生産地の製品とは異なる今治タオル独自の特徴を生むことになります。

後晒し染めは、現代の感覚でいうといわばプリントのようなものです。先にタオルを織ってから色を付けるため、その時々のニーズに柔軟に対応できるため効率がよく、生産管理がしやすいのが強みです。一方の先晒し先染めは、糸の芯まで色が入るため色合いに深みが出ますし、色落ちしたり白地が残ったりすることがなく、綿本来の風合いが楽しめます。また後染めする場合は色の乗りを意識した生地づくりが前提になりますが、先染めでは自在に生地の質感を追求できるため、より柔らかくふんわりと仕上げることも可能になります。

では高品質を目指すならどこでも先染めをすればいいのかというと、地域によって取り入れたくてもできないという要素があります。そのため今治の先染め技法は阪神などの大量生産地に対して異彩を放つことになるのです。

先に水で晒すという工程を実現するには大量の水が必要です。その後の染めにおいても、綿糸や生地の白度や発色を左右する良質な軟水をたくさん使わねば、質のいいタオルはできません。今治が日本随一のタオルの生産地となった大きな理由の一つが、良質な水資源の存在です。愛媛県中部の高縄山系を源流とする伏流水が集まって流れる蒼社川の水質は糸や生地にやさしく、繊維業には理想的な軟水であり、京都の鴨川、金沢の犀川と並ぶ名水晒しと呼ばれます。最高品質の今治タオルが作り出せるのは、このすばらしい水があってこそなのです。

こうして先晒し先染めという技法と、それを支える豊富で良質な水資源により、今治は次第にタオルの生産地としてその名を知られるようになりました。仕上がりが良く価格も安いと評判になり売れ行きは好調、生産量がどんどん増加し、イギリスの有名な工業都市になぞらえ「四国のマンチェスター」などとも呼ばれました。

１９２９（昭和４）年に起きた世界恐慌により日本の経済も大きな打撃を受け、今治を含む日本のタオル産業は停滞を余儀なくされます。それまでの好況から一転して「タオル屋は倒れ、ネル屋は寝る」と揶揄されるほどの不況に陥りました。そのうえ、第二次世界大戦時の今治空襲ではタオル工場の88パーセントが焼失し、甚大な被害を受けてしまいます。

そんな激動の時代をなんとか潜り抜け、戦後の復興とともにタオル産業も少しずつもち直していきました。１９５０年代に入り、今治タオルの再生を支えた大ヒット商品、それがタオルケットです。

実はタオルケットは日本独自の製品であり、その名前もタオルに毛布を意味するブランケットという言葉を掛け合わせた和製英語となっています。タオルケットがいつ、誰の手により開発されたのかは定かではありませんが、この製品をきっかけに今治での生産が爆発的に高まったことから、今治発祥だという説も有力です。高温多湿という日本の気候に対し、吸湿性に優れ、肌触りがよく洗濯も布団より容易なタオルケットは寝具として広く親しまれるようになっていきました。

業者側にとっても、大量の糸を用い大きなタオル生地を織って仕上げるタオルケットという製品は生産効率がよく利益率の高いものであり、その流行は今治のタオル産業の躍進を後押ししました。

そして1960年代には今治はタオルの生産量が日本一となり、愛媛県を代表する産業の一つに成長しました。地域にはタオルメーカーに加え染色工場や縫製会社など関連会社が所狭しと軒を連ね、いよいよ活気づきました。

安価な輸入タオルにシェアを奪われる

1970年代の後半に差し掛かると、今治のタオルメーカーの仕事の中心はOEMへと移っていきました。さまざまな色や柄を要求されるOEMでは、複雑で繊細な色柄を表現できるうえに色味の再現性も高いジャカード織りとの相性が非常に良く、今治タオルの特徴を活かした高いクオリティの製品を提供できます。メーカーとしても、作った製品のすべてを問屋さんが引き受けてくれ在庫を抱える必要のないOEMのメリットは大きく、多くの会社はOEMへと舵を切っていきました。そうして問屋さんがライセンスを保持するデザイナーズブランドに製品を提供する一方で、オリジナル製品を企画販売する機会はなくなっていったのです。

ＯＥＭによる盛況はしばらく続きましたが、１９８０年代後半から暗雲が漂い始めます。中国やベトナムから安価なタオルが輸入されるようになり、海を越えてやってきた海外製タオルという黒船の前で、国産タオルは徐々にそのシェアを奪われていきました。

国産タオルの生産量はバブル末期である１９９０年頃をピークに右肩下がりとなっていき、すでにほぼすべてのメーカーがＯＥＭ頼みとなっていた今治でも国産タオルの市場縮小の影響をダイレクトに受けてしまいます。今治タオルの生産量も２０００年代には最盛期の5分の1ほどに減り、いくつものタオルメーカーや関連会社がその姿を消しました。タオルだけではなく、日本の繊維産業全体が海外製品という黒船に蹂躙されていったのです。

そうした時代の波に対し、タオル業界はなんとか抗おうと必死でした。

２０００（平成12）年に入り、伊勢、久留米、青梅といった当時のタオル生産地が手を結んで設立した日本タオル工業組合連合会が、輸入の制限を求めて行ったのが東京でのデモ行進です。日比谷からスタートし、経済産業省の横を通って国会議事堂に至るというルートを通り、輸入反対、秩序回復といったプラカードを掲げて練り歩いたのです。このデモ行進をメディアに取り上げてもらい、国内の繊維産業の窮状を多くの人に伝えて世論を味方につけ、最終的には国に繊維セーフガード（緊急輸入制限措置）の発動を迫るというのが目標でした。

そして２００１（平成13）年に日本タオル工業組合連合会として、中国とベトナムから輸入されるタオル製品に対するセーフガードの発動を経済産業省へと申請したのですが、４度の決定見送りを経て、２００４（平成16）年４月にセーフガード発動に関する調査は打ち切られました。

忘れられたタオル産地、今治

まるでセーフガード発動を見送る代案とでもいうように、国は全国の繊維産業に対し補助金を出す決定をします。経済産業省所轄の独立行政法人である中小企業基盤整備機構が主体となり、中小繊維製造事業者自立事業が２００３（平成15）年より始まりました。これは、中小繊維製造事業者がこれまでの下請け賃加工形態から脱却することを支援するための補助制度です。自らマーケティングと商品企画を行って、市場に近いところで自ら販売を行うなど、繊維産業の構造改革に資する新たなビジネスモデルとなる事業を進める業者に、必要な費用の3分の2を補助するというものでした。ＯＥＭへの依存から脱却して、自社製品や自社ブランドを開発し、最終的にはＢｔｏＣも見据えて事業を方向転換させていけということです。

この法案は5年間の時限立法であり、全国の繊維業者に対し１５０億円もの補助金がばらまかれました。初年度は全国で１００社が採択され、うち6社は今治のタオルメーカーでした。

ただし、いくら補助金が出るといっても、それまでの事業を転換するというのは並大抵のことではできません。ただでさえ体力が落ちているというのに、経験もノウハウもない商品開発や販売ルートの構築をするなど、製造一筋の業者が急に乗り出すには難しい話です。そもそも輸入製品に市場が奪われて業界全体が困窮している現状に対しての解決策としては、いささか的外れで不十分だという評価が当時からすでにありました。そうした現実とのギャップもあってか、この自立事業は全国の繊維産業を救うほどの成果までは上げられずに終了し、今治としても地域産業復活ののろしとなるようなことはありませんでした。

実は2003（平成15）年には、国の自立事業とは別に今治市が地域産業の復興を目指すべく支援策を打ち出しています。そのプランとは東京・銀座のど真ん中に今治タオルのアンテナショップを出店するというもので、およそ3年分の家賃にあたる2億円の予算がつきました。

今治タオル工業組合（当時は四国タオル工業組合）で参加社を募った結果20社ほどが手を挙げ、銀座のみゆき通り沿いに2フロアの売り場を展開し、いまばりタオルブティックをオープンさせましたが、OEMに頼ってきた今治のタオルメーカーの多くは自社オリジナルの製品をもっておらず、短期間で開発を行ってなんとか棚を埋めたというところが多かったのです。結局、いまばりタオルブティックは3年という期限を迎えて2006（平成18）年に閉店します。この試みもまた今治のタオル産業の直接的な起爆剤とはなりませんでしたが、こうした流れのなかで、各メーカーがOEM依存からの転換を期して自社製品の開発を試みるという新たな道を意識し始めたという点においては、大いに意味のある試みであったといえます。

なおこの時点では今治タオルというブランドはまだ固まっておらず、タオルブティックもあくまで、今治のタオルメーカーがそれぞれ製品を持ち寄って売っている場という状態でした。

ブランド以前に、そもそも今治がタオルの産地であることすら忘れ去られていたのです。経済産業省四国経済産業局の「四国地域における地場産業の知的財産活用方策に関する調査」によると、２００４（平成16）年の時点で今治がタオルの産地であると「知っている」と答えた人の割合は17・４％だったといいます。

このまま今治という産地は衰退していくのだろうと、関係者の多くが暗い面持ちを隠せず、地域全体が消沈しているような状況でした。

動き出した今治タオルプロジェクト

現在の今治タオルというブランドが生まれる一つのきっかけとなったのは、２００６（平成18）年より経済産業省が行ったＪＡＰＡＮブランド育成支援事業です。この事業の概要は、主催する中小企業省により「地域が一丸となって、地域の伝統的な技術や素材などの資源を活かした製品などの価値・魅力を高め、日本を表現しつつ世界に通用するＪＡ

PANブランドを実現していこうとする取り組みを総合的に支援する」と説明されました。具体的な支援策としては、採択を受ければ3000万円規模のプロジェクトに対し資金の3分の2が国から支給されるという内容でした。

今治では組合として今治タオルプロジェクトを申請し、6月に採択されました。これを受け、今治タオルを一つのブランドとして売り出すための動きが一気に加速していきます。そのブランディングに当たり、プロジェクトのコーディネーターからの紹介で出会ったのが、クリエイティブ・ディレクターの佐藤可士和氏でした。

佐藤氏は初め、依頼を受けることに後ろ向きであったといいます。しかし打ち合わせの最後にとりあえず使ってみてほしいと渡されたバスタオルを風呂上がりに使ってみたところ、柔らかくて風合いがすばらしく心地よく、肌に当てるだけでタオルが水気をどんどん吸い取ってくれることを実感しました。タオルにそれだけの品質の差があることを知って衝撃を受け、惚れ込んだために引き受けたといいます。

そこから佐藤氏を中心に、今治タオル独自のロゴマークの作成などブランディングが本格的にスタートしました。そのなかで、今治タオルブランドの定義は以下の4つの条件を満たしていることと明文化されました。

1. 四国タオル工業組合の組合員企業が製造
2. 今治産地（今治市、松山市、西条市）で製織、染色
3. 景品表示法による原産国表示が日本製
4. 四国タオル工業組合が独自に定める品質基準に基づく品質検査に合格

このうちの品質基準については、実はセーフガードの発動が見送られた2004（平成16）年から組合内で検討され、同年11月には原案が出来上がっていました。安価な海外製品と差別化を図り、高品質な国産品に価値をもたせるために、自ら厳格な品質基準を設けようとしたのです。基準策定のために、組合内でものづくり委員会が設置され、私はその委員長として基準を作り上げていきました。12項目からなるこの基準は、当時、業界団体である日本タオル検査協会が定めていた基準よりもはるかに厳しい内容で、それをクリアした高品質な製品にのみ、今治タオルのロゴをつけることが認められます。

特にハードルが高かったのは、吸水性を審査するための5秒ルールでした。タオル片を水に浮かべて5秒以内に沈まねばならないというこの基準を満たす必要がありました。そのほかにも脱毛率やパイル保持性、安全性といったさまざまな審査を設けました。こうし

て今治タオルというブランドの品質を担保するのは、ブランディングにおける最重要項目の一つです。

現在、今治ブランドのロゴは厳しい審査を通過して認定されたタオルだけに付与され、今治タオル工業組合に登録された各メーカーに割り振られる4桁の企業番号が記載されます。もし販売後のタオルでなにかトラブルがあればこの番号から作り手を割り出すことができるという、食品業界などでよく用いられるトレーサビリティの発想を取り入れたものです。4桁の番号を通じ生産者が見えることで、より安心してタオルを使ってもらえるようにするという配慮から定められました。

業界の常識を覆した白い高級タオル

ブランドを定義し、ロゴを作り、品質基準を明文化するといった土台を固めたうえで、今治タオルプロジェクトでは展示会やアンテナショップを出店しました。プロジェクトが公式に世に出たのは2007（平成19）年2月15日です。東京・青山にあるスパイラルホールで5日間にわたり今治タオルプロジェクト展を実施し、その初日には約40社のメディアを前にロゴマークやプロジェクトの概要をお披露目しました。そこで発表された今治タオルブランドの第一号商品が、私の会社が技術の粋を集めて作り上げたタオルパジャマをはじめとしたHIBINOKODUE+MARUEITOWELシリーズでした。

なお外部へと情報を発信するにあたり、今治タオルブランドのキープロダクトとなったのが白いタオルでした。今でこそ高級タオルといえば白というイメージが定着していますが、当時のタオル業界において白いタオルは高級とは対極にある製品でした。白いタオルは年賀や開店祝いなどで大量にばらまくような安価な製品の代表格であり、佐藤氏から展示会の棚を白いタオルで埋めるために最高品質の白いタオルを作るよう依頼があったときも、組合員としては、趣向を凝らしたデザインのタオルを発表する展示会で白いタオルなど出していいのかと半信半疑でした。

すると佐藤氏は、炊き立てのご飯のおいしさを伝えるのにカレーをかける必要はなく、水の品質を伝えたいのにコーヒーを淹れる必要はないのと同じだと言って組合員に説明しました。タオルもベースとなる品質を伝えようとするのに色や柄は不要であり、今治タオルのすばらしさを余計な要素を加えずに伝えるには白しかないというのです。これが、高級タオルといえば白という、のちの常識的なイメージへとつながる第一歩となりました。

そのほかに、タオルに関する資格認定制度としてタオルソムリエを設立するという取り組みも、世界初となる常識はずれの一手でした。タオルソムリエ制度では、主にショップや百貨店の広報や営業担当者をタオルアドバイザーとして育成することを目指しており、2007（平成19）年から現在までに3500人以上が認定を受けています。

こうしてJAPANブランド育成支援事業を一つのフックとしてタオル産地としては革新的といえる取り組みを続けた今治でしたが、それでもブランドの認知度はなかなか上がりませんでした。

風向きが少しずつ変わり始めたきっかけはメディアの取材でした。2007（平成19）年9月、東京・新宿の伊勢丹本店5階のタオル売り場にプロジェクトとして初となる今治タオルの常設コーナーができたのですが、そこにメディアの取材が入り、1万円のタオルがあると大きく報じられました。

そこから2008（平成20）年の年始にはNHKの「クローズアップ現代」で「地域再生のヒントを探せ～地場産業復活の条件～」と題して取り上げられました。

なかでも反響が大きかったと感じるのは2009（平成21）年7月2日にテレビ朝日の

「報道ステーション」で放映された「存亡の危機から奇跡の復活！　タオル産地・今治の挑戦」という特集です。この放送後には業者や店舗への問い合わせやほかのメディアからの取材もどんどん入るようになりました。

こうした追い風を受け、今治タオルの売上は着実に増していきました。今治タオルプロジェクトがスタートした翌年の２００７（平成19）年、今治タオルの販売数の指標となる、組合がメーカーに払い出した今治タオルのネームタグの数はわずか６２００枚に過ぎませんでしたが、２００９（平成21）年には８００万枚近くまで伸びました。生産量の全体からすれば大きな数字ではありませんが、一つの希望が見えたことは確かです。

海外進出のネックとなった高級路線

こうした追い風を受け、今治タオルが目指したのは世界の舞台でした。これは今治タオル工業組合の意向だけでなく、国としての支援方針も関係しています。3年間の期限付きだったＪＡＰＡＮブランド育成支援事業は本来なら２００８（平成20）年度が最後でしたが、ブランドの調子が上向きであることが考慮されてか1年間延長が叶いました。

ただし支援におけるテーマが、ブランド確立支援から先進的ブランド展開支援へと変わりました。その内容を要約すると、今治タオルが世界に通用するブランドであると示すことが国からの要望であるということです。私の会社ではこの頃いくつか海外展示会への出展などを行っていましたが、今治タオルプロジェクトとしては２００９（平成21）年が初の海外出展となりました。

世界にある無数の展示会や見本市のなかで、いったいどこを入り口とするのか、組合内で議論が交わされました。ロンドン、パリ、ミラノといったトレンドの発信地は確かに魅力的でしたが、有名ブランドが数多く集うようなイベントでは、無名である今治タオルは間違いなくその陰に埋もれてしまいます。だからといってあまりに小規模な展示会ではメディアで話題になる可能性が低くなります。

候補から最終的に選ばれたのはフィンランドのヘルシンキで開催されていたインテリア見本市・ハビターレで、２００９（平成21）年9月、組合企業のうち16社がハビターレに出展しました。

今治が誇る白いタオル群は目を引きました。集まってきた各国のバイヤーたちは、タオルに触れるとその柔らかさや風合いに感動し、ぜひ欲しいと商談に発展することも多くありました。

しかし実際に契約が成立することはありませんでした。最大のネックとなったのは値段です。ただでさえ高級なところに輸出コストが上乗せされれば定価はさらに上がります。海外では生活用品の一つに過ぎないタオルにそこまで高い金額を払う顧客はいないといった声が多く聞かれ、海外展開における課題の一つが明確になりました。そして、その後も組合では例年、海外の展示会に出展して新たな市場を模索していくことになります。

そうした流れのなか、私は組合事業に加え一企業としても積極的に海外市場の開拓を行っていたのですが、結果的に思わぬ形で今治タオルを効果的に海外へと発信する場を得ることになります。大きなきっかけとなったのが、最上質の日本のおもてなしで世界の旅行者を魅了するパレスホテル東京に今治浴巾を出店できただけでなく、同ホテルが丸栄タオルの商品を客室などのアメニティに採用してくれたことです。世界のＶＩＰが集う超一流ホテルで訪日客に今治タオルを実際に使ってもらい、さらに階下の直営店で関連する多くの製品を販売することですばらしい魅力を直接伝えていくことが世界に向けたブランド戦略の一つになりました。

ＯＥＭ依存脱却の次は地域ブランド依存脱却を目指す

世界を見据える一方で、今治タオルの国内需要も着実に伸びていきました。地域として最も大きかった出来事は、これまで十数年にわたって減少し続けていたタオルの生産量が底を打ち、２０１０（平成22）年にプラスに転じたことでした。前年比０・２％というわずかな増加でしたが、それは一条でありながら力強い光でした。２０１０（平成22）年にはＪＡＰＡＮブランド育成支援事業が正式に終了し国からの補助金はなくなりましたが、自力でなんとかやっていけそうだという希望が生まれていました。

実際にそこから今治タオルの生産量はじわりじわりと増えていき、２０１６（平成28）年には１万２０３６トンと過去最高を記録します。最も低迷していた時期である２００９（平成21）年度の生産量は９３８１トンですから、８年間で約１２０％の伸びとなりました。一企業の売上であれば、時には１年で１２０％の成長を達成することもありますが、地域産業全体の売上となると話は変わってきます。この成長はまさに復活といっていい数字です。実際に２０１６（平成28）年の今治の街は活気を取り戻し、多くのタオルメーカーや関連会社が、忙しくて寝る暇もないといううれしい悲鳴を上げていました。

そんな活況の裏で、ブランドの認知度が上がったからこその事件が起きました。ある今治のメーカーが、ブランドの認定を受けていない製品に、ほかの認定製品用に組合から購入した認定タグを縫い付けて売り出すという不正が発覚し、今治タオルブランドの信頼が大きく損なわれたのです。

また、今治の名前さえつけておけば売れるという状況が生まれたことにより、認定を受けていない、低クオリティのタオルが雨後の筍のように現れました。今治タオルのなかで安売り合戦が始まり、一部のタオルが大きく値崩れした結果、商品数は飽和状態に近づき、現在は以前ほどのブランド力を保てなくなってきており、私たちは危機感をもっています。実際に、コロナ禍以前の２０１７（平成29）年、２０１８（平成30）年の時点で生産量がやや減少に転じています。栄枯盛衰という言葉のとおり、地域ブランドだけに頼っていられなくなる時代はいずれ来るものです。

今治タオルは現在、第2ステージに入っています。今治タオルプロジェクトのブランディング・プロデューサーを務める佐藤氏を筆頭に、目指すのは地域ブランドから自社ブランドへのシフトです。地域ブランドとしての価値が保たれているうちに、各業者が自社ブランドを打ち出し、磨き上げ、最終的には今治の名を付けなくても売れていくブランドを作らなければなりません。いわば今後は、今治からの脱却を果たせたメーカーがさらなる成長を遂げていくはずです。

やや駆け足になりましたが、これが日本一のタオルの生産地である今治の挫折と再生の物語であり、現在地です。

第1章

戦後、繊維産業が栄え
今治は一大タオル産地に――

時流に乗り下請けとして
産声を上げた丸栄タオル

工場の片隅から始まった丸栄タオルの歴史

1957（昭和32）年——。

「もはや戦後ではない」という合言葉のもと近代化を推し進めてきた日本は、高度経済成長期前夜を迎えていました。新しい技術が続々と誕生し、国民の生活が大きく変化していくなか、特に繊維の技術革新によってナイロンやレーヨン、ビニロンといった合成繊維が登場したことで繊維産業が飛躍的に発展し、その生産高はすでにアメリカに次ぐ世界2位まで伸びていました。

タオルケットが大ヒット商品となってブームを起こし、その主要産地だった今治が活況に沸くなか、地域で新たに事業を興す人があとを絶ちませんでした。そのうちの一人が、丸栄タオルの創業者である私の父、村上 努です。

父は高校を出てから6年間、タオル工場に勤務しました。その頃の繊維業界は、織機をガチャンとひと織すれば万の金が儲かるといわれたガチャマン景気に沸いていました。父は自らの働く工場が活気で溢れどんどん成長していく様子を目の当たりにして、独立を決意したのです。

ただ、独立といっていきなり事業を興せたわけではありません。1954（昭和29）年、中小繊維事業者の保護を目的として国は繊維産業の設備の新増設、新規参入を禁止する制度を設け、登録された織機でしかタオルを作ることができなくなりました。商売を始めるなら、すでに登録された織機をその権利ごと買ってくる必要がありました。

どこかに権利を売ってくれる人はいないものかと探していたところ、大阪にあった下法タオルというところの織機が7台、権利とセットで売りに出ていると知りました。父はその価格を見て思わず目をこすったと言います。見慣れない数の0が並び、何度も桁を確かめた挙句に、それが200万円という大変な額であることに驚かずにはいられなかったのです。

1957（昭和32）年の国家公務員（高卒）の初任給は6300円であり、現在の30分の1ほどであることを考えると、それがいかに高額であったかは想像に難くありません。20歳そこそこの若者が物怖じするのは当然です。しかし父は、好景気下で貯めた全財産を持って大阪へ行き、最先端であったドビー機を7台購入したのでした。

そんな人生を賭けた大勝負の裏には、一つだけ目算がありました。仲の良い友人が大手

創業当時の工場

タオルメーカーに勤めており、タオル屋をやるなら買ってやると声を掛けてもらっていたのです。大阪からは、愛媛県の宇和島の会社が運用していた木造の気帆船を見つけて織機を今治港へと運んでもらいました。年が明けて1958（昭和33）年1月1日に荷揚げを行い今治市、当時の榎町にあるT社という会社の工場の一角に織機を据えました。つまり工場の一部を間借りしてタオル屋を始めたのです。

社名は母の名であった栄の字をもらい、丸で囲って、表裏のどちらから見ても読めるということで丸栄タオルとしました。四国タオル工業組合からもらった工場番号は0990番で、これは現在でも企業番号として自社製品のタグに記載されています。創業時の社員数は8人で、7台の織機をフル稼働させるにはぎりぎりの人数でしたが、それ以上人を雇う余裕はありませんでした。

こうして他社の工場の片隅から丸栄タオルの歴史は幕を開けたのです。

社員寮を建設しマンパワーを確保

船出は順風満帆でした。創業に当たり、下請けをさせてくれないかと友人が勤める大手タオルメーカーに営業に行ったところ、すぐに取引が決まりました。100％OEMという形でしたが、仕事は十分過ぎるほどありました。フェイスタオルやハンカチといった小物を中心に製造していましたが、フェイスタオルなら月に1000枚ほどの注文がコンスタントに入ってきました。

それに対応するため、父は必死に仕事をしました。朝起きればすぐ機械を動かし、12時間は工場にこもって作業をして、家に帰れば事務作業をしていました。土日も休みなしで働き、唯一の休日といえば電気が使えない電休日のみでした。大きな工場は自前で発電機を持っていて電休日にも稼働していましたが、当然のことながら父の会社には発電機を買えるほどの余裕はありません。

しかし、強制的に休まねばならない状況があって良かったと思います。もしそれがなければ、父は働き過ぎて身体を壊していたかもしれないからです。

仕事は順調に増えていき、間借りした場所はすぐに手狭になりました。そして1961（昭和36）年に当時の榎町から、現在も本社がある今治市南高下町へと移り、自社工場での製造を始めました。

とはいえ自社工場といってもそこまで立派なものではなく、隙間風が吹くような建物でした。夏は工場に大きな氷を立てて、冬はストーブをいくつも置いて、暑さ寒さをしのぎながらタオルを作り続けました。

業績は順調で仕事は増えていったのですが、ある時点からタオルの生産量は頭打ちになりました。注文に応えるだけの設備がなかったからです。製造業で生産量の増加を目指すなら、まず考えるべきは設備投資であり、例えば織機の数を倍にすれば生産量も2倍となります。しかしそう簡単に織機を増やすことができませんでした。その頃、織機の権利の値段は1台で100万円にまで跳ね上がっていたからです。とはいえ増え続ける注文にはなんとか応えていく必要があります。今忙しいからと断ってばかりいると、親会社からの信頼が失われてしまいます。

そこで父は一計を案じました。周辺の島々などを巡って新たな社員を探したうえで、工場と併設して住み込みで働ける社員寮を建設したのです。

1967（昭和42）年に完成したこの寮は、鉄筋2階建てで5つの部屋を備え、20人が暮らせる設計でした。そうして一気に人を増やして勤務体系を昼と夜のシフト制にしました。織機の稼働時間をできる限り長くして生産量を上げるという戦略です。当然人件費はかさみますが、増え続ける注文に対応するにはそれしか手がありませんでした。

その頃から父の胸には織機を自由に買うことへの憧れが芽吹いていたようで、のちに資金が増えて織機に手が届くようになってからは、常に最新の織機を導入するようになりました。そうやって設備投資を惜しまない企業風土が生まれ、それがのちの商品のクオリティを支える大きな要素となっていきます。

下請けは儲け過ぎてはいけない

1970（昭和45）年に入ると今治のタオル工場の生産量はピークを迎えました。当時の四国タオル工業組合には約500社のタオルメーカーが加盟し、地域全体が活気で溢れていました。1億円を超える売上を作る下請け業者が現れ始め、私の会社でもその大台を突破することができました。

私が社会人になった1982（昭和57）年もタオル業界は相変わらずの活況が続いていました。新卒で入社したのは東京・日本橋にあった繊維総合商社で、まずは他社で呉服やアパレルについて勉強してから実家へと戻る予定でいました。今治のタオルメーカーの多くがOEM中心になっていった時期だったこともあり、広く業界を見ておくことがプラスになるという思いがあったのです。

そこから3年間東京で過ごした後に私は今治へと戻り、タオルの織機調整工を養成する県立の職業訓練学校へ通ってから1986（昭和61）年4月に丸栄タオルへと入社しました。私が今治へと帰ってきた段階では、会社には16台の織機があり、そのすべてがシャトル織機でした。シャトル織機とは、カヌーのような船形をしたボビンに横糸を巻いたシャトルを、縦糸の間を往復させることで織物を作る機械で、仕組みとしては昔から存在するものです。

その頃のシャトル織機だと1分間で150回転がせいぜいといった性能でした。また、細い糸などを操る際には熟練した職人の技術が求められました。

その後は毎年2台ずつのペースで当時の最先端であったスイスのサウラー社製高速革新レピア織機を導入していきました。これは1分間で300回転と、シャトル織機の倍のスピードというすばらしい性能を誇っていました。一方で、生地に模様や柄を織り込むデザイン性の高いジャカード織を織ることはできませんでしたが、当時はプリントブームであり、細かな柄を表現するために専門のプリント工場に外注して商品化すればいいというのが当時の親会社の考えでした。私の会社でもそれに倣って高速革新織機の導入を進め、無地のタオルを量産していきました。この革新織機は当時今治でもあまり見かけないほどの最新の織機でした。投資費用はかさみましたが、その分生産性は倍に向上しました。

ただ、そうして下請け業者がより大きくなろうとするのを親会社は好まず、下請けはそんな最新設備が必要なのかと言われることもありました。この出る杭は打たれるという昔ながらの親会社と下請けの構造に、私は悩まされることになります。

設備投資はメーカーの宿命です。いいものをより早く作れる会社に注文が集まるのは道理であり、設備投資に二の足を踏んでいると会社はいずれ衰退していきます。私の会社でも常にほかに先駆けて最新鋭の設備を入れ、品質とスピード、そして生産性を求めてきました。

設備投資と生産性は鶏と卵の関係にあり、生産量を増やすために借金をして設備をそろえ、その借金を早く返すためにより売上を伸ばそうと、新たな設備の増設を検討するようになります。製造業はそうして大きくなっていくものだと思います。

ただ、当時の今治では下請けの成長速度があまりに速いと親会社から警戒され、なにかしらの横やりが入ってきました。親会社としては、自社のお抱え工場であるはずの下請け業者が、成長してより大きなメーカー相手の商売に乗り換えるのを防ぎたいわけです。ですから1社に取引のすべてを依存していた私の会社でも、月末には親会社がわざわざ状況確認に来て、管理されていました。せっかく新織機を導入して生産量がぐっと増えたとしても、そこで親会社からは仕入れ値を下げられて儲け過ぎないように利益を調整されました。

下請けは生かさず殺さず、うまく使うというのがその頃の大手メーカーのやり方でした。まだバブル期の前でしたが、全国のタオルの生産量はさらに上がり、親会社はとにかく一枚でも多く商品を持ってくることを要求します。生産した分のすべてが利益になる時代です。しかしそれでも結局は親会社によるコントロールで、生産量が増えるほど利益率が下がるという状況が続きました。

私はそれを大いに不満に思っていましたが、父は違いました。親会社のメーカーがあったからこそ下請けでここまでやってこられたのだから不平不満を言うべきではなく、大きな利益は望まずにコツコツやればいいというのが父の考え方でした。

真面目な性格で、人との関係を大切にし、社員たちには借金をしてでもボーナスを払い続けた父を私は尊敬していましたが、親会社と下請けの構造だけはいつか必ず変えてみせると心に誓っていました。今考えると、その時の忸怩たる思いこそ、後に他社に先駆けてＢｔｏＣ領域へと進出し、オリジナルブランドを創出する土台となるものでした。

第
2
章

各タオルメーカーと協力して始まった「今治タオルプロジェクト」——

売上立て直しの第一歩として挑戦したSPA（製造直販）事業

下請け脱却を図り、東京で営業

1989（平成元）年6月、平成という新たな時代に入ったばかりのタイミングで丸栄タオルは株式会社となりました。同じ年に新社屋も完成し、心機一転のスタートでした。

実はその少し前から、私は親会社の管理下に置かれている現状を変えるべく動き始めていました。ヴィレッジという会社を名乗って、東京の日本橋界隈へ営業に出掛けていたのです。なぜ丸栄タオルとして売りに行かなかったかというと、そうして営業活動をしているのが親会社に知られてしまうと、自分で商いができるのだから仕事はいらないと判断されて発注量を減らされるのが目に見えていたからです。

営業に行きたいと父に伝えたときにはいい顔はされませんでした。親会社が許さないだろうという理由から、売り物のタオルを自社で作ることを許してもらえなかったため、ほかの会社にお願いして商品をそろえました。

そんな状況でも私の胸は高鳴っていました。羽田空港からモノレールに乗り、浜松町まで行く間のわくわくした気持ちを今でも覚えています。東京にはたくさんの会社がありますから、1社か2社くらいはタオルを買ってくれるだろうという楽観的な気持ちで浮き立っていたのです。新たな未来が広がっているような気がして、街を闊歩しました。

ある日、営業用のスーツ姿で日本橋を歩いていたところ、親会社の社員とばったり会ってしまったときには冷や汗が出ました。珍しくスーツを着てなにをしているのかと尋ねてくる親会社の社員に対し、東京にいた頃の恩人と会う約束があるのだとしどろもどろに言い訳をして、急ぎその場を立ち去りました。

そうして営業活動に励んでいたのですが、なにか具体的な戦略があったわけではありません。電車やバスの広告を見てなんとなく売れそうなところを探して営業の電話を掛けるなど、とにかく思いつくままに行動していました。

しかし、現実は甘くありませんでした。なんとか仕事を取ろうと足しげく東京に通い何百社も営業を掛けたのですが、結果としてほとんどは門前払いで終わりました。たまに話を聞いてくれる相手がいても、売り物がタオルしかないことに驚かれるだけで成約には至りませんでした。

そんな私の東京通いは周囲にはまったく理解されませんでした。今治にあった大手メーカーの下請け会社は地元で商売をしており、自分から商品を売りに行くようなことはありません。親会社から持ち込まれた企画に沿い、要望に応えて、それに見合った品質のいいタオルを納品してさえいればそれでいい時代のなかで、ただ私だけが下請け脱却を目指して必死にあがいていました。

しかし、大手に依存して地元で商売していればいいという状況がいつまでも続くわけはないと思っていましたし、現にタオル産業を取り巻く環境は大きく変わりつつあったのです。

商品を企画するも、なかなか注文が取れない日々

1991（平成3）年にバブルが崩壊し、そこから為替が一気に円高へと振れていったところから潮目が明らかに変わりました。大企業を中心に、より製造コストの安い海外へと進出するタオルメーカーがどんどん現れ、国内市場には輸入タオルが大量に入ってきました。1988（昭和63）年には約1万4千トンの輸入量だったところから、1994（平成6）年には約3万3千トンとなり、市場に占める割合はおよそ35％まで増えました。

逆に国内のタオル生産量はどんどん減っていきました。

私はその時期に現実を目の当たりにして、自分たちの未来を悟りました。親会社が海外進出を果たして建てた中国工場へ見学に行ったとき、そこでは私の会社で作っていた商品とほぼ同じ規格のタオルが半値以下で作られていたのです。

現状で、自社製品を半額に下げることなど到底不可能です。同じ土俵で戦えば必ず負けることになるのは明らかでした。このままではいずれ経営がジリ貧になるのは間違いないと私は強い危機感を抱き、生き残りの道を模索し始めたのです。

この頃、親会社との関係性に変化がありました。より安価に製造できる生産拠点をもったことで国内の下請け業者に対する依存度が下がったため、下請けとの取引を減らそうという動きが出てきたのです。それまでは営業活動などもってのほかというスタンスだったのに、一転して付き合いのある問屋さんを紹介してくれるようになりました。それはすなわち、もううちだけで面倒を見ることはできなくなるから、自分で商売をしなさいというメッセージでもあります。

この環境の変化は、下請け脱却を画策していた私にとっては望むところでした。東京や大阪の問屋さんに片っ端から営業を掛け、新たな販売ルートの構築に全力を注ぎました。

しかし、これまでOEMしか経験してこなかったという弱みがここで露呈します。最もネックとなったのは企画力です。これまで自社で作ってきたようなシンプルなタオルやハンカチを問屋さんは買ってくれません。そのような誰が作ってもほとんど変わらない定番商品は、昔からの付き合いのあるメーカーに発注するか、コストで勝る海外製品を入れるかしており、新参者がその市場に食い込める可能性は皆無だったのです。

そんな状況で新たに取引できるとすれば、自社にしかないオリジナル商品を企画して持ち込むしかありませんでした。ただ、マーケティングすら満足にしたことのない会社がいきなり問屋さんが飛びつくようなヒット商品の企画を立案できるはずもなく、なかなか注文が取れません。

例えば、子どものいる家族にレジャーで使ってもらおうと開発した通常の1・5倍サイズの大判タオルを持ち込んだとき、同じような商品がすでにたくさんあるという理由でまともにとりあってもらえなかったことがあります。私はそのときの担当者に、これはまだ開発段階であり、加工してグレードを上げる余地があることを具体的に説明し、必死に食い下がりましたが、相手の表情は険しいまま変わりません。それだけでは差別化にならず、オリジナルなものがないなら従来のメーカーとの付き合いを大切にしたいということでした。

そこで私は自社にしかない商品を企画しようと、織機のメーカーと組んで独自にタオルの切断機を開発しました。それを用いれば、タオルの耳の部分を折り返して縫わなくても、切るだけでタオルとして使えるというものでした。

これならどうだと自信を持って問屋さんへ提案したところ、確かにこれは面白いとやや興味をもってくれた様子でしたが、やはり取引には至りませんでした。量販店などで売るならいいかもしれないが、その問屋さんで扱うレベルの商品ではないというのが理由です。担当者は、私が持ち込んだ商品の見た目が安っぽいことを指摘して席を立ち、サンプルの陳列棚から一枚のタオルを持ってきて机に広げました。そのタオルには一面に花柄の模様が織り込まれており、作りも悪くありません。なかなか凝ったデザインだと感心していると、このタオルは中国のメーカーのものだと知らされ、私はショックのあまり返す言葉に詰まってしまいました。しかも卸値は今治の半分以下だといいます。値段の話はひとまず置いておくとしても、私の会社でこの複雑な柄を再現することは難しく、担当者の言う商品としてのレベルの違いをはっきりと見せつけられた思いでした。生産量を高めるほうに舵を切り、ジャカード織を捨てた経営判断がここにきて裏目に出たのです。

担当者はなにも悪意で私に冷たくしていたのではありません。私が、タオル産業の今のレベル感、現実を理解していなかったのであり、むしろ彼はそのことを分からせてくれたのだと思っています。私はそこで、ゼロからのものづくりがいかに大変なものなのかを初めて実感しました。

リスクを負って最新鋭の織機を導入

失敗続きの日々でしたが、それでも私は諦めずに取引先の新規開拓を続けました。それで見えてきたのが、関東と関西の取引先の違いです。関西の取引先はそろばんをはじき値段が合えばすぐ取引となるのに対し、関東ではまず会社や人間性をじっくりと見られて、その品定めに数年掛かることもあります。しかし一度懐に入れれば、末永く付き合おうとしてくれます。

当時の私としてはどちらかといえば東京を中心に取引したかったのですが、当然ながらそんなぜいたくなどいえる立場にはありませんでした。新たな商品を持って行ってはダメ出しをくらい、意気消沈して今治に帰ることを何度繰り返したか分かりません。しかし、そうして足を運んだ分だけ着実に担当者との心の距離は近づいていきました。そして営業回りを始めて2年ほど経った頃、ようやく成果が現れ出しました。定番商品を頼んでもいいという顧客が何社か出てきたのです。

手応えを感じた私は、そこで父に直談判して大勝負に打って出ます。当時最先端の織機であった、高速でさまざまなものを織れるレピア織機・スルーザールーティーを2台、導入することを決めたのです。ルーティの織りのスピードはサウラー社製高速革新織機のおよそ1・5倍で、そのスピードでさらにジャカード機を搭載した設備というのが大きな魅力でした。そのほかにも、タッチパネルにデータを入れるだけで自動で織の設定をコントロールできるなど、私にとってまさに夢の織機でしたが、その分値段も張りました。２台で６０００万円という値段に、契約書に判を押す父の手は震えていました。

大きな借金を背負うリスクのある投資でしたが、私はそれが間違っているとは思いませんでした。営業を続けてきた経験から、外国製品にシェアを削り取られた市場で生き残るには、質の高い柄を素早く織り上げるルーティの能力が必要不可欠であると考えていました。また、借金を返していける自信もありました。ルーティを導入した１９９４（平成

6）年の時点で5社の新たな取引先を獲得し、売上も1990（平成2）年には2億円だったところから、3億円に伸びてきていたからです。

ちょうどこの頃に私はNHKからの取材を受け、ドキュメンタリー番組に出演しています。「円高に挑む二代目たち　今治・タオル産地の夏」というタイトルで、1994（平成6）年の8月に放映された番組です。円高により大手製造業の海外進出が進むなか、生産量が減り続けている国内タオル産業の現状を伝えるという内容の企画でした。

全国のタオル生産量は1990年頃をピークにどんどん落ちていましたし、今治でも倒産するメーカーが出始めた時期でしたから、きっとテレビ側としては円高が引き金となって衰退していく地域産業の姿を映し出したかったのだと思います。実際に放送された番組を見ればやはり、円高で仕事がない、このまま産地がなくなってしまうのかといった他社の社員のコメントが前面に押し出されたものになっていました。あらかじめ作られたテーマに沿うように編集したうえで放送するというのは当時のテレビ業界では当たり前のことかもしれません。ただ、私はそれにかなり驚きました。

私のコメントが番組の趣旨に沿う部分ばかりつまみとって使われていたのは愉快ではありませんでしたが、自分が言ったことには違いないのだから仕方がないと割り切ることができます。しかし、ほかの社員たちからもコメントを拾っていたはずなのに、それらがいっさい使われていなかったのは残念でした。会社の業績は伸びていたので、悲観的なコメントを述べた社員がいなかったことがその理由だと思います。

もっとも、そのことを恨んだりはしていません。番組への出演をきっかけに会社の知名度は上がり、さらに注文が入るようになったのはありがたかったです。テレビとはこういうものかと、私はそこで初めてメディアの実態を学んだのでした。

こんな値段で誰が買うのか

1997（平成9）年になると親会社からの下請け仕事はほとんどなくなりました。ほかの大手メーカーもタオルの生産拠点を海外へと移しており、今治をはじめとした国内のタオル生産地は不況に陥っていました。

しかし、国産品の市場がゼロになったわけではありません。依然としてニーズは存在し、下請け業者が小さくなったパイを取り合っている状況でした。

私の会社ではいち早く全国の取引先の開拓に成功し、カタログに常時掲載されるような定番商品を扱えるようになったことで仕事をしっかりと確保できていました。こうして食い込めたのは、設備投資により質の高い商品を短い納期で収められるという強みがあったためです。

問屋さんとの取引はさらに増えて経営的には順調だったのですが、それでも危機感は消えませんでした。親会社の中国工場で作られたタオルが自社の半値以下で取引されていたという衝撃はいまだ冷めやらず、同じ土俵で戦えるとは到底思えなかったからです。現状でなんとか仕事が回っているとはいえ、このままではいずれ国内産タオルは海外勢に駆逐されるのは間違いないという状況でした。生き残るには根本的な打開策が必要だと私は考え、安いタオルを大量に売って儲けを出すというこれまでの量産型ビジネスに代わる道を模索していました。

そこで頭に浮かんだのが、高級タオルの企画開発です。中国やベトナムでは再現できないレベルのハイクオリティなタオルを作り、付加価値をつけて単価を上げるという高級路線に移行するしかないと方針を定めました。そして新たな技術を取り入れた高品質なタオルを企画開発して問屋さんへと持ち込んでいましたが、その当時はタオルといえば日用品であり、高級品の市場は存在しませんでした。それまでＯＥＭしかやってこなかった私の会社の企画力も未熟で、ブランディングの発想などなく、商品開発は単発で終わっていました。

こんな値段で誰が買うのか、アイデアは面白いけれど売れるはずがないなどといった否定的な評価を何度食らい意気消沈したか、もはや記憶にありません。それでも私は諦めることなく、コツコツと新しい商品を作っていました。

実は自社による新商品開発は私にとって夢を叶えるための重要な手段でした。いつか下請けを脱却してみせるという夢が、私のなかで抑えきれぬほど大きく膨れ上がっていました。日中は問屋さんを巡って飛び回り、地元に帰れば商品開発に没頭し、寝る間を惜しんで働いていました。

そうして仕事に没頭していた日々のなかで、病魔がひそかに手を伸ばし、身体を蝕んでいたことに私はまったく気がつきませんでした。そして闘病生活が、私の仕事観、そして仕事の仕方に大きな影響を及ぼしていきます。

口内炎から始まった闘病生活

発端は口内炎でした。１９９７（平成９）年の春、その日はまるで冬が戻ってきたかのように肌寒かったことを覚えています。

口内炎の治療でいつも通っているクリニックに行くと、診断する医師が代わっていました。これまでは20代の若い先生でしたが、出てきたのは50代とおぼしきベテランの雰囲気がある先生でした。聞けば非常勤で岡山から通っていると言います。

医師はほとんど時間を掛けずに診断を終えると、終始にこやかだったその顔がまるで別人のように険しくなっていました。すぐに、これはただの口内炎ではなく、がんの可能性があると私に告げたのです。あまりの急な展開に頭がついていかず、その言葉の意味をすぐには理解できませんでした。

もっと大きな病院で一刻も早く検査をしてもらったほうがいいということで、医師から紹介を受けたのが松山市にある四国がんセンターです。そこで担当となった医師は、頭頸部がんの治療において名医として知られるN先生でした。岡山大学で講師を務めていた関係で、私の地元のクリニックの医師と顔見知りであったというのが私にとって大きな幸運でした。

検査結果を聞くために私は家族と連れ立って病院を訪れ、生まれたばかりだった長女を胸に抱き、妻とともに先生の前に座りました。そして先生がためらいなく、がんで間違いないことを告げたときには自分の顔から血の気がさっと引いていくのが分かりました。進行性の舌癌で現在はステージ３の状態にあり、生存率は五分五分だと言います。子どもを抱く手がわなわなと震えました。妻のほうを見れば、青い顔をして必死に姿勢を保とうとしているようでした。

即刻入院して治療を開始することになりましたが、説明を続ける医師の声が、ショックのせいかどこか遠くに聞こえ、周囲の景色がなんだかぼやけて見えました。

するとそこで、親の異変を察知したのか娘がぐずり始めました。身体を震わせて精一杯泣いている娘の姿が、私を現実の世界に引き戻しました。この子をおいて死ぬわけにはいかないという強い気持ちが湧いて、我に返った私はがんと闘う決意をしました。

がんの治療法というのは、その進行度や本人の状態によりいくつかの選択肢が出てきます。私の場合は、組織内照射法という放射線療法によってがんを抑え込むか、手術で患部を切り取るかのどちらかでした。

手術をするなら舌の半分以上を切り取ることになります。仮にがんが完治したとしても、味覚が失われたり、言葉がはっきりしゃべれなくなったりする可能性が高いといいます。医師とも十分に相談したうえ、切るのは怖かったのでまずは放射線治療を実施し、効果が見られなければ手術を行う運びとなりました。

1週間ほど入院し、放射線治療を受けました。放射線治療中は体内に放射線源が残るため個室に隔離され、家族にも面会できないので心細さはありましたが、放射線が当たっても痛みはまったくなく、体調も変わらないので若干拍子抜けしたのを覚えています。放射線治療が終わってからは一度退院して様子を見ることになりました。2カ月ほどは特に大きな変化もなく過ごすことができ、喉元過ぎれば熱さを忘れるとはよく言ったもので、私も時にはがんであることを忘れて再び仕事に没頭するようになります。

ところが、私の口に巣くったがんはしぶとく生き残っており、夏に再びその勢力を増してきました。8月に入ってから身体がだるい日が目に見えて増え、9月に入ると明らかに体力が低下して立っているのもしんどく、道端で座り込んでしまうようなこともありました。

なにより恐ろしかったのが、口腔内の臭いです。がんは腫瘍が壊死していく過程で臭いを発します。内蔵系のがんと違い、口腔がんは患部から直接その腐敗臭が鼻に届くため、臭いに苦しむ人が多くいます。舌が腫れ、口腔内に紛れもない死の臭いが溢れているのを感じ、私はがんがまだ存在しているという現実を受け入れざるを得ませんでした。そこで初めて死に対する覚悟を抱き、病院の近くにある松山総合公園になんとか出向いて、3人の子どもと遊んでいる姿をビデオに撮ってもらいました。それがなにかあった時の、遺影のつもりでした。

人と人とのつながりのなかにしか成功への道はない

そして9月29日、体力の限界で起き上がることもできなくなった私は再び四国がんセンターを訪れて即座に入院となり、約1週間後の10月7日に手術が行われました。がんは喉のリンパ節にまで転移しており、舌だけではなくあごの肉の一部も切除する必要がある状態です。舌の半分を切り取りつつ、心臓の後ろあたりにある背中の肉をあごに移植し、血管を全部つなげ直すという壮絶なもので、12時間に及ぶ大手術となりました。

手術は無事、成功しましたが、それから血管がしっかりつながるまでの1週間は頭をベッドに固定して生活しなければなりませんでした。完全に自由を奪われた状態で私がずっと気になっていたのが、仕事についてでした。特にやることもないと、当然ながら仕事についても思いを巡らせてしまいます。

実はこの時、私がずっと夢見てきたことの一つが、実現しようとしていました。関西の大手問屋さんが開催する展示会に、私の会社の商品が並ぶ予定だったのです。展示会は問屋さんが得意先に販売するための重要な場であり、当然ながら信頼のある取引先の商品しか展示しません。展示会に選ばれるというのは、その問屋さんとの信頼関係を構築している証なのです。そしてまた、知名度のある問屋さんの展示会への出品は大きな実績となるもので、私にとって一つの目標でした。問屋巡りを始めた頃から、いつか展示会に出品したいという思いがありました。結局、展示会は自分の目で出品商品を見ることはできず、社長と入社したばかりの藤原佳太に意を託しました。

ようやくここまでこぎつけたのに、今死ぬわけにはいかないという執念が、身動きできない私のなかでふつふつと沸き立っていました。何年間も問屋を回り続け、地道に積み上げてきた営業活動がついに花開こうとしているのに、病床で寝ていることしかできない自分が歯がゆく、悔しさを噛みしめながら耐えるしかありませんでした。

あごの血管がつながって大部屋の病室へと移ってからも食事はまったくできず、鼻に管を通して流動食を入れていました。やることがないうえに食べる楽しみすらもありませんから、病室のテレビを見るともなく見ているしかありません。テレビで料理番組が放映されているのが目に入るたびに苦痛を感じていました。

入院期間は3カ月に及びましたが、ただ身体を休めることしかできない、人生の空白期間ともいえるものでした。この空白の3カ月にも当然ながら世の中は動き続けています。このとき、私は専務というポジションで経営の中核を担う立場であったうえに、いずれ会社を継ぐ二代目となることも自他ともに認めるところでしたから、その私ががんで闘病中などと知れわたったなら大変です。経営は大丈夫か、会社が傾くのではないかと危惧する人が大勢出てくるのは十分に予想できたため、社外的には長期出張ということにして入院を伏せていました。

しかしどんなに気を使っても、情報とはどこかから漏れるものです。私ががんで余命わずからしいという噂が広まって、当時取引のあった得意先の多くは波が引くようにサアーッといなくなりました。それによりある問屋さんとの取引では5000万円あった売上が1000万円まで急落しました。人の情けとはしょせんこんなものかと私は冷めた気持ちで社員から上がってくる取引見合わせの報告を聞いていました。しかし、がんと知りながらも仕事を回してくれた人もいました。それが秋葉原で二次問屋を営んでいた栗下タオルさんです。

この頃、私の代わりを務めて展示会出展などのプロジェクトをこなしてくれていた藤原に私は救われました。入院中、何度も私を励まして、病気を治すことに専念してほしい、仕事については任せてほしいと言ってくれたのが本当に心にしみました。事実、彼がいたからこそ、この時期の混乱を乗り越えられたのだと感じます。藤原はその後も会社になくてはならない存在となっていくのです。

その経験を通じ私は商いの本質がようやく理解できました。結局のところ最も大切なのは人間であり、成功への道は人と人とのつながりのなかにしかないということです。

それまでは、ただがむしゃらに仕事を受注し、それで業績を上げたという気になって満足していました。自分が会社を引っ張っているという意識から、自分だけですべてを成し遂げているという思い違いをしていました。

しかし、病床で白い天井を見つめ、これまでの歩みに思いを馳せていると、自然と人への感謝が湧き上がってきました。家族がいて、社員たちがいて、丸栄タオルをサポートしてくれる協力会社のみなさまがいて、そんな人々に支えてもらっていたからこそ、今の自分があるとはっきりと感じたのです。

また、仕事に対する考え方もがらりと変わりました。たとえ人の倍、働いたとしても、一人でできることには限りがあります。会社の成長を目指すなら、自分が急にいなくなってもびくともしないようなしっかりとした組織を作る必要があると考えるようになりました。

退院できたのは12月15日でした。顔の包帯は外れても言葉を発するのは難しく、また身体はがりがりに痩せていました。がんがまた再発する恐れもあり、気を抜けない状況でした。

それでも私の気持ちは、前を向いていました。今、こうして生きているという事実が奇跡のように感じられていたからです。失ったものを嘆いていても仕方がないのだから、せっかく助かった命を無駄にしないよう、自分ができることを全力でやろうという気持ちで、なにも怖くないように感じていました。

幸いにも舌の機能は少しずつ戻り、1カ月ほどで不明瞭ながらなんとか言葉を発することができるようになりました。そこから私は営業活動を再開し、再び忙しい日々が戻ってきたのです。

個人の集まりから会社組織へ

仕事に復帰した私はさっそく新たなプロジェクトをいくつか立ち上げました。そのなかで最も大きかったのは、新たな社屋および工場の建設です。これからはもっと人を大切にする会社にしようという思いが建設プロジェクトの裏にありました。

それまでタオルの生産工場といえば、埃《ほこり》だらけであるのが当たり前でした。私の会社の工場でも、生産の過程で大量の埃が宙を舞い、1日の終わりには織機の下に溜まった埃を大きなバキュームホースを使って吸い取り掃除していました。ただ、バキュームホースは重く、一通り掃除をするだけでかなりの重労働でした。私もまた職人を経験していたので、そうした現場の苦労はよく分かっていました。

新工場ではまずこの埃をなんとかしようと考え、自動で風を生み舞った埃を吸い込んで空気をきれいにしてくれる全風量空調システムを導入しました。また、エアコンによる温度管理はもちろん湿度も自動調整できるようにして、糸の状態をより良い状態に保てるようにしつつ、そこで働く人々が心地よくいられるような環境づくりに力を入れました。

製造業においては、投資といえばまず生産設備が頭に浮かびがちです。確かに生産力は重要ですが、一方で社員が働く環境をよりよく変えるための投資もまた大切にすべきです。確かに最新の機械を入れれば目に見えて生産性が上がります。それに対し、職場環境をよくしてもいきなり数字が伸びるわけではありません。しかしその効果はじわじわと現れます。

社員たちが気持ちよく仕事ができるようになれば、一人ひとりの生産性が間違いなく高まっていきます。自分の身に置き換えて考えると分かりやすいのですが、夏の盛りに、埃だらけのむしむしとした場所で働くのと、すがすがしい空気が漂う心地よい空間で働くのでは、仕事のはかどり方が違うのは明白です。また、新たな人材を集める際にも、当然ながら職場環境が良いほうが有利です。仕事中のストレスが少ないほうが社員たちの心身は健康に保たれ、結果として雇用の安定につながります。したがって生産設備と職場環境の改善にバランスよく投資をしていくというのが、のちの成長につながる投資の仕方であると私は考えています。

また新工場の建設に合わせ、人材採用にもコストを掛けてとにかく人を集めました。私がいなくなっても十分に回っていくような組織を作るには、ある程度の人手が必要だと思ったのです。これからは、ただの個人の集まりではなく会社組織として体制を整えていかなければなりません。

新工場が完成したのは1999（平成11）年のことでした。人材採用も含めて巨額の投資となりましたが、不思議と怖さはありませんでした。闘病生活を通じ、人生は一度きりしかないという当たり前の事実を突きつけられたことで、むしろなにかをせずに失敗して後悔するほうが恐ろしいと思うようになったのです。不確定な未来に怖気づくより、とにかく今できることを全力でやり抜くというのが私が出した結論であり、投資もまたその一環でした。

ただ、こうした個人的な事情だけで投資を決めたわけではありません。これからより成長するには、企業としての体制を整えるのが不可欠であるという経営上の判断もありました。

目指すべきは ライフスタイル全般に寄り添う商品の開発

まだ新築の香りが漂う真新しい会議室で、私が藤原と頭を突き合わせ、毎日のように話し合ったのがオリジナル商品のアイデアでした。当時の事業の主軸は相変わらずＯＥＭであり、ほぼすべての利益は問屋さんとの取引から生まれていましたが、このビジネスだけではこの先もやっていくのは難しいと感じていました。

人件費が10分の1以下というアジアの途上国がライバルとなると、価格競争ではどうやってもかないません。輸入タオルがますます流通して国産タオルの市場が小さくなれば、得意先としてどれほどの数の問屋さんをもっていてもいずれ事業が縮小していくのは明らかです。私の会社が生き残るには、これまでのＢｔｏＢ領域にとどまるのではなく、オリジナル商品を開発し、自分たちで売るＢｔｏＣに活路を開くしかないと考えていました。

私が思い描いていたのはＳＰＡ《エスピーエー》（製造直販）のビジネスモデルです。企画、製造、販売の機能を垂直統合したスタイルで、もとはアパレル業界から広まりました。私が目指したのは、下請けとして注文を受けて製造するだけではなく、自社で生み出し、作り、発信していく機能を備えたメーカーの姿でした。

とはいえ売上のすべてをOEMに頼ってきた下請け企業から、SPAを主体とするBtoCのメーカーへと生まれ変わるのはそう簡単なことではありません。例えば店を一つ出すにしても、まずはその棚を埋める商品群が必要ですし、店舗運営や集客といった新たなノウハウも求められます。利益の出し方から経理財務まで、身につけるべき能力は山のようにあります。

加えて当時は問屋さんとの付き合いによって経営が成り立っていましたから、問屋さんと市場で競合するような商品は角が立つのでとても出せません。実際にタオルを発売すれば問屋さんよりも価値が高い商品を企画できる強みがありますが、だからといって問屋さんを敵に回してしまえばとたんに今の事業が立ちいかなくなります。したがって、問屋さんには卸していないまったく新しい商品を手掛ける必要があり、そこに大いに頭を悩ませていました。

あるとき、以前問屋さんに提案したものの断られた商品であるタオルウェアのことを藤原がもち出してきたので、私はさっそく、倉庫からサンプルを引っ張り出してきました。

それはタオルの生地で作ったルームウェアでした。確かにこれなら完全オリジナルの商品であり、しかもほかに類を見ないものです。

その後、議論に議論を重ねて私たちが出した結論は、ライフスタイルのさまざまなシーンに合わせた商品を作ることでした。これまでのタオルは主に風呂上りや洗顔後など身体を洗ったあとの水気を吸い取ったり、スポーツで汗をぬぐったりする用途で用いられてきました。その枠内に入ってしまえば、問屋さんと競合する商品しか作れません。そこでタオルの用途をライフスタイル全般に広げて考え、例えばタオル地が肌を心地よく包むルームウェアやナイトウェアなどユニークなものを企画し、世に新たな提案をしようという話になりました。こうしてコンセプトをつくったことが、今振り返れば自社ブランドの設立につながる最初の一歩でした。

オリジナル商品を作り、展示会へ出展

２０００（平成12）年に入るとタオル業界は揺れに揺れました。今治を含む名だたるタ

オル産地の業者が集結し、国による繊維セーフガードの発動を見据えて、日比谷から国会議事堂までをプラカードを持って練り歩きました。

私もこのデモ行進には参加しており、機動隊に先導されて異様な熱気のなかで声を上げて歩いた記憶があります。私としてももちろん、セーフガードによりタオル輸入に制限が掛かるというのは望むところで、運動にも参加していました。

しかし政府の反応は鈍く、米や自動車を守らねばならないのにタオルなんてと吐き捨てるように言う政府関係者もいたほどです。政府に腹を立てつつも、一方でセーフガードが見送られた場合に備えておかねばならないと私は考えるようになりました。ですから今治に戻ればオリジナル商品の開発に没頭していました。

それが一つの形となったのが、２００１（平成13）年に四国タオル工業組合の主催で行われた今治タオル産地オリジナルブランドである「ふわり」の発表展示会への出品でした。何点か出品しましたが、組合事業としてのブランド名で販売されたため、私の会社の名前は表に出ませんでした。輸入タオルの侵略で揺れるタオル業界において、こうした組合事業に対する周囲の熱はあまり高いとはいえず、その頃展示会に参加していた会社は、ほんの3～4社にとどまっていました。

そしてもう一つ、参加者が少なかった理由があります。それが当時存在した、親会社や問屋さんといった取引先への配慮です。メーカーや問屋さんとしては、下請け業者が独自に商品を売り始めて競合先になるのは当然好ましくありません。組合の展示会が独自のブランド名で行われたのも、メーカーや問屋さんの怒りを買わないようにしようという配慮からでした。

昔の話ですが実際に私も、とある問屋さんから苦言を呈された経験があります。なんのために自社商品など開発するのか、うちの仕事があるのだから余計なことはせずにそれだけやっていればいいなどと言われましたが、私は素直に従う気になりませんでした。

確かにこうしたけん制を無視して目立った動きをすれば、取引量を減らされて自分たちの商品を扱う棚がほかの業者に奪われる可能性がありました。展示会への出展を続ければ、目先の利益は減っていくかもしれません。

しかし、輸入タオルの流入に対する根本的な解決策はいまだ見えず、業界が方向転換を迫られているタイミングだからこそ未来への取り組みが必要であると私は考えていました。ですから結果として売上が減ることになっても、私はオリジナル商品の開発をやり抜くと心に決めていました。

2002（平成14）年から私たちが参加するようになった展示会として、アジア最大規模の繊維総合見本市ジャパン・クリエーションがあります。当時からメーカーとクリエイターが組んで新たなものづくりを行うなど、画期的な企画をいくつも開催していた展示会でした。

そこへ出展するべく、フェイクレザーの加工業者と組んで商品を開発するなどユニークな試みを行いました。その経験はのちに、今治タオルブランド第一号となるコスチュームアーティストとのコラボ商品を開発する際にも大いに活きることになります。

今治市の主導で銀座にアンテナショップを出店

2003（平成15）年には2つの公的補助金によりタオルメーカーのOEM脱却への転換が後押しされました。まず国が行ったのが、独自商品・ブランドを開発して市場販売を目指すメーカーに対して必要な費用の3分の2を補助する中小繊維製造事業者自立事業です。5年間の期限付きながら、全国の繊維業者に150億円の補助金が投入されました。

ちなみに初年度、今治では6社が採択を受けています。

この補助金とは別に、今治市としても地域産業の復興を掲げて支援策を打ち出しました。それが銀座へのアンテナショップの出店というプロジェクトで、3年間で2億円という予算がつきました。そもそもなぜ銀座かというと、当時の市長が、どうせやるからには東京の一等地でなければいけない、銀座なら予算をつけようと言ったからです。私の会社はいち早く手を挙げて参加を表明し、最終的には組合に所属する20社が参加する運びとなりました。こうして誕生したのがいまばりタオルブティックです。

下請けメーカーの自立を促すという目的のもとに立ち上がったいまばりタオルブティックでは、それぞれのメーカーが棚をもち、自社のブランドとして商品を販売すると決まっていました。自社ブランドをもつのは私の昔からの夢の一つであり、その機会が思いがけない形でやってきたのです。このプロジェクトに対し、私はかなり力を入れて臨みました。

目指したのは、世界のどこにもないような最高級のタオルを作ることでした。外国産の安いタオルとの棲み分けを図るべく、数年前から高級タオルの開発は続けてきていました。そうして培ってきた技術を使い、会社の未来を照らす新たな光となるような商品をこの機会に生み出すつもりでした。高級志向の来客が見込める銀座は、高級タオルの試金石とするにはうってつけの場所でした。

まず素材にこだわり、当時の最高級品で、一般的な糸の数倍の値段がするエジプト綿を使うと決めました。タオルが日用品の一つに過ぎず、安いのが当たり前であった時代ですので、周囲の目にはバカげたことだと映っていたに違いありません。

また、ただ高級な糸を使えばいい商品ができるというわけではありません。糸の特性に合わせ、漂白や加工、染色といった工程を細かく調整する必要があります。長年のパートナーである染色工場に糸を持ち込み、相談を重ねながらものづくりを進めていきました。

縫製の段階では、レースをつけてエレガントな雰囲気を出すことにしました。岡山にあったレースの会社に協力を依頼し、タオルの糸でレースを編んでそのレースを縫い付けるという手法を編み出しました。

こうして完成した初の自社ブランド商品は、今治の市花のつつじにちなんで「ラザレ」（仏語でつつじの意味）と名付けました。1万円のバスタオルと3万円のバスローブです。今治ブランドが確立している今でこそ、このような価格帯の商品は珍しくありませんが、当時はいまばりタオルブティックに並ぶあらゆる商品のなかでも群を抜いて高価で、外国製なら数百円で買えるタオルを1万円で買う人などどこにもいない、売れるはずがないなどと言われたものです。

いまばりタオルブティックは3年間で閉店しますが、私はその間数え切れないほど店に通い店長に話を聞いて、販売とはどういうものかを学び、新たな商品づくりにも活かしました。実はこの時点で私のなかには、自社で独立した店舗を構えるというビジョンがあり、そしてそのための第一歩はすでに踏み出していたのです。

東京事務所を設立し、自社ブランドを立ち上げる

２００３（平成15）年9月18日――。

父の誕生日に、私の会社は東日本橋に東京オフィスを構えました。東京に営業の拠点を持ち、新たな仕事を取りに行くというのが主な目的でしたが、まずは日本の中心地に事務所を置き、その実情を肌で感じたいという個人的な思いもありました。

なお事務所の設立にあたっては、当時お付き合いのあった問屋さんとひと悶着がありました。問屋さんの立場からすれば下請けメーカーの独立を促すような動き自体が好ましく

ないものです。とはいえ国や自治体の政策に待ったを掛けることなどできず、きっと苦々しく思っていた部分もあるはずです。また問屋さんのなかには、安く仕入れられる外国製のタオルの取り扱い比率を増やし、下請けメーカーとの取引を減らす方向に舵を切るところもありました。

そんな背景のなかで、下請けメーカーが東京に拠点を出すつもりらしいというニュースが飛び込んできたなら、手を打つのは当然と言えます。すぐに反応したのは最も取引額が大きかった問屋さんで、担当者が飛んできました。東京に事務所を作る真意を問い詰められ、ルール違反だといって責められました。

私が、もういろいろと動いてしまっているので取りやめるわけにはいかないと答えると、担当者は苦虫をかみつぶしたような顔をして、とうとう脅してきました。ちょうど取引業者を絞る検討に入っていたところであり、うちのほうで仕事を出さなくとも自分で仕事を取れるということならば、互いに無用となるだろう、東京進出を撤回するのでなければ関係は終わりだという言い分です。そして実際にその問屋さんとはいっさいの取引がなくなり、全体の売上の3分の1にあたる1億7000万円が泡と消えました。

しかしそれでも私は東京進出に固執しました。長い物には巻かれよとばかり、親会社や問屋さんへの依存を続けていては、いつまでたっても自社ブランドで勝負することなどできないと考えていたからです。リスクを負ってでも、行動しなければなにも変えられません。ここが正念場と覚悟を決め、この決断が正しかったと思える日がいつかきっと来るはずだと自分に言い聞かせました。

この東京事務所の設立こそ、のちに自社で店舗をもつための布石となるものです。その後も私はオリジナル商品の開発をさらに進めていき、ついに自社ブランドの設立へとたどり着きます。

発表の舞台となったのは、日本最大規模の生活雑貨の見本市「第57回東京インターナショナル・ギフト・ショー春２００４」でした。ここに出品したのは、これまでのような単発の企画開発商品とは一線を画すものです。ブランド名やコンセプトをしっかりと固めたうえで開発した、プライベートブランドと呼んで差し支えない商品でした。

商品開発にあたり、まず設定したのはコンセプトです。以前から、ライフスタイルのなかでの新たなタオルの提案というコンセプトで商品開発を行ってきたため、大枠ではそれを引き継ぐこととしました。単にタオルを販売するのではなく、タオルのあるライフスタイルを提案するというライフスタイルブランドの構築を目指します。

キーワードとしたのはナチュラルです。人の心を癒す、人々の生活に自然に溶け込み、寄り添うようなタオルを理想としました。

色合いについては、お風呂、キッチン、トイレなどさまざまなシーンに置かれても、その場になじんで生活の邪魔にならない落ち着いた配色、すなわちブラック、ブラウン、グレー、アイボリーという4色のアースカラーでブランドのすべての商品を構成すると決めました。

最後に冠したのがイデアゾラというブランド名でした。これは自然主義文学の代表的な作家であるエミール・ゾラと、「idea」（アイデア）を仏語にした「idee」を組み合わせて付けた造語です。なお、商標登録をして長く続いたこのブランド名は10年を経過後の登録書き換え時にロゴはそのままで「イデゾラ」と読み方を改めました。こうしてついに、念願だった自社ブランドが産声を上げたのでした。

プライベートブランドを立ち上げた効果はすぐに現れました。タオル地のシャツやルームウェアは珍しいということで、地元のテレビ局や雑誌から取材が入るようになったのです。それまでは縁の下の力持ちに過ぎず、業界外ではほぼその存在を知られなかった私の会社の名がわずかでも世の中に出たことに、私は手応えを感じました。こうして、かねて

プライベートブランドの札

から構想を続けてきたＳＰＡビジネスの実現に一歩大きく前進したのです。

東京進出や自社ブランド設立にとどまらず、２００３（平成15）年から4年にかけては、なにかと新たなチャレンジを行った時期でした。例えば、自社の敷地内に直営店としてタオルのアウトレットショップ「マオ」をオープンしました。これは今治市からの働きかけを受けたもので、せっかく観光客が今治に来ても地元のタオルを買う場所がなかったため、直営店を作ろうということになったのです。

また、自社商品のショッピングサイトも開設しました。きっかけは、今治地域地場産業振興センターで行われたセミナーに参加したことでした。私は昔から新しいもの好きであり、最新、最先端といった言葉に目がありません。自社でウェブサイトを立ち上げ、そこで商品を売るというアイデアを知り、すぐにチャレンジしてみようと思ったのです。

「目指せ月商100万円」と銘打たれたセミナーでは自分たちでウェブサイトを作り、商品を販売するまでの一連の流れを学びました。また、そこでウェブサイトはリアル店舗と連動して運用することで成果が上がると教わったのも、目からうろこでした。

そうした会社としての取り組みに加え、今治地域のタオル組合青年部の会長としてさまざまな企画を手掛けてもいました。著名なデザイナーと組んでものづくりを行い、タオル地で洋服を作ってファッションショーをするなど、試行錯誤を続けました。

青年部の活動と併せて、地域のものづくり委員会の委員長としても精力的に動いていました。ものづくり委員会は、政府によるセーフガードの発動が正式に見送られたのをきっかけに、地域のものづくりを自分たちで守ろうという機運が生まれたところから始まりました。実はこの活動こそ、のちの今治タオルというブランドの礎となるものであり、地域で初の本格的なブランディングの試みにほかなりません。

今治タオルという名前は冠していませんでしたが、タオルをブランド化すべく、認定制度やブランドマークの作成を行いました。そのなかでも、愛媛県繊維産業試験場のチームと協力し、吸水性の基準として1㎝角のタオルが5秒以内に水に沈めばOKという5秒ルールを作ったのは、のちのJAPANブランド育成支援事業における今治タオルのブランディングにも貢献するものであったと思います。

なお、2004（平成16）年3月には、父に代わって代表取締役に就任しています。思えば本当に濃密な2年間でした。

2005（平成17）年は、個人的には展示会への出展や取材への対応などで忙しくしていましたが、会社として特段大きな動きはありませんでした。話題を挙げるなら、オリジナルのジップアップTシャツが21世紀えひめの伝統工芸大賞奨励賞を獲得しています。

今治地域の動きとしては、当時組合では次に挙げる事業を幅広く展開していました。

①輸入の秩序化対策（日中意見交換会ほか）
②新産地ビジョンの策定
③服飾大学などとの産学連携（コラボレーション）によるものづくり
④東京・青山での「いまばり／タオルフェア」（産学コラボ成果発表、展示商談ほか）開催

⑤海外市場開拓のための海外見本市（NYホームテキスタイルショー）への出展
⑥今治オリジナルブランド「ふわり」第10弾の新商品開発並びに新作展の開催
⑦テキスタイル総合見本市への出展
⑧全国に向けて今治産地をアピールするためのタオルフェアおよびタオルデザイン展の開催
⑨人材育成のための研修会の開催
⑩イメージアップ用タグの普及による産地ＰＲ
⑪今治織物歴史&体験学習室の整備
⑫群馬県太田市・今治交流物産館の運営

など。

今治という地域が有名になったきっかけの一つは、確かにＪＡＰＡＮブランド育成支援事業をきっかけとした今治タオルプロジェクトでしたが、そこに至る過程のなかで、こうしてさまざまな取り組みを行ってトライアンドエラーを繰り返してきたからこその飛躍であったと私は考えています。

そして２００６（平成18）年の春、経済産業局が発令した一つの人事をきっかけに、今治タオルは大きく変革に向けて動き出したのです。

四国経済産業局から今治市役所商工労政課（現・商工振興課）に出向職員としてやってきた濱田康次氏は、疲弊した産地をなんとかすべく、組合に対しJAPANブランド育成支援事業へのチャレンジを勧めました。採択されれば3000万円規模のプロジェクトに対し3分の2の金額が国から支給されます。なお、事業実施者は地域の商工会議所とされていたため今治商工会議所および今治市を巻き込む必要がありましたが、濱田氏はそのスキームをまとめるのに奔走し、資金援助までとりつけました。

今治タオル工業組合（当時は四国タオル工業組合）が国に提案したのが「Imabariタオルプロデュース　～新Towelライフの演出～」と題したプロジェクトでした。概要としては、生活シーンごとに使うタオルを素材や織り方などにこだわって製品化し、産地ブランドとして消費者に発信していくというもので、ターゲットは国内外の富裕層としていました。

6月にプロジェクトは無事に国からの採択を受け、今治は地域としてのブランディングを本格的に開始することになりました。実はそれまでも組合事業としてブランディングを行ってはきましたが、いずれも成果が乏しかったというのが正直なところです。そのため、こうした取り組み自体を疑問視する声があったのは確かですが、私はやるしかないという気持ちでした。

そんななかで、ブランディングにあたってはプロフェッショナルの力を借りることになりました。そこで白羽の矢が立ったのが、クリエイティブ・ディレクターの佐藤可士和氏だったのです。

ただ私も含め当時の組合員の多くは、ブランディングと宣伝広告の違いもよく分かっていないような素人状態でした。マークさえ作ればそれでいいと考える人もいるほど、ブランディングへの理解に乏しかったのです。

私としては、自分の会社の商品をいかにブランディングしていくかという段階でしたから、佐藤氏との巡り合いは大いなる刺激となりました。

佐藤氏は、今治タオルの本質的な価値を、安心・安全・高品質であると定義しました。確かにそれまでは、安い輸入タオルのほうが売れるという市場の動向に翻弄され、安価ではないが高品質なタオルを作ってきた今治の伝統が失われつつありました。その価値観を見直し、付加価値の高いタオルを作るというコンセプトをしっかりと後押ししてくれた

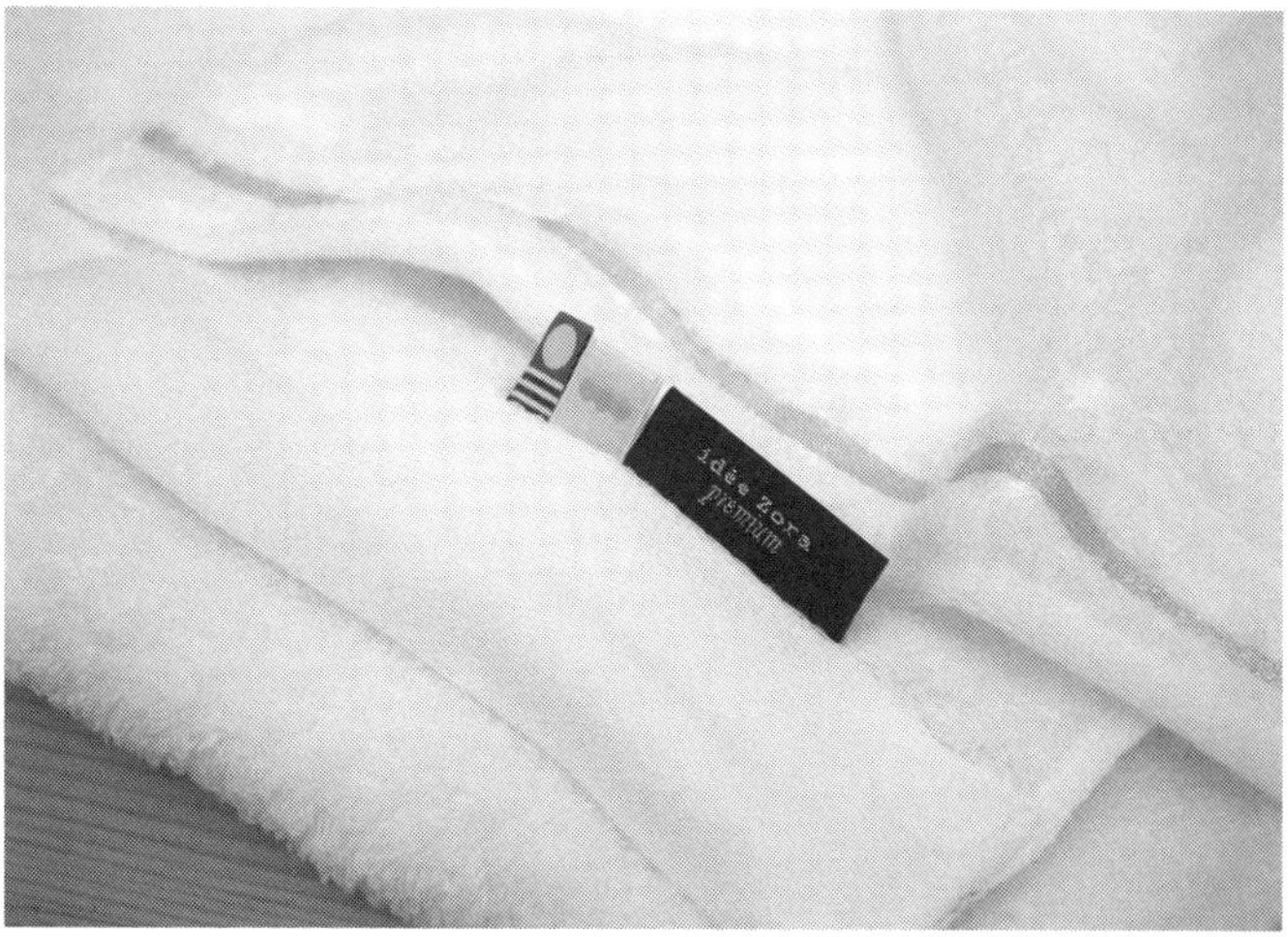

今治タオルのロゴマーク付きタオル

のが佐藤氏でした。

ブランディングの第一歩となったのがロゴマークの作成でした。それまで今治タオルとしてのロゴを作ろうという試みはあり、実際に形にもしましたが、こちらもやはり素人の域を出ないもので、世に広まることはありませんでした。今治タオルの表記も、今治、いまばり、Ｉｍａｂａｒｉとメーカーごとにばらばらでした。多くのタオル屋さんでは、業界人なら誰もが知る今治という地名を当たり前に使ってきましたが、一般消費者はその漢字すら読めないだろうという指摘を受け、私は納得しました。ロゴマークの表記は、世界展開も見据えてアルファベットとなりました。

ロゴマークは今治の美しい自然がモチーフになっています。白、赤、青の三色を基調とし、白は空に浮かぶ雲とタオルの優しさや清潔感、青は波光きらめく海と豊かな水、そして赤は昇りゆく太陽と産地の活力を表しています。佐藤氏から提案されたこのロゴマークは、ほぼ満場一致で採用が決まった記憶があります。

こうしてプロジェクトは着実に進んでいきました。その間、私は中心メンバーとして、佐藤氏の本拠地である東京のクリエイティブスタジオ・ＳＡＭＵＲＡＩへと足しげく通い、意見交換を重ねました。

そのなかで最も私の心に残った言葉があります。

「あなたたちはいったい誰のための商品を作ろうとしているのか」

佐藤氏がことあるごとに投げ掛けてきたこの問いにこそ、自分たちの現在の課題と、成功への重要な鍵があると感じました。

当時、私の会社ではすでにプライベートブランドを立ち上げてネット販売なども行っていましたが、売上は微々たるもので、大部分を問屋さんとの取引に依存していました。また、今治のタオル屋さんの大半が下請けとしてのＯＥＭ受注を中心としていました。そんな歴史がずっと続いてきたせいで、親会社や問屋さんを向いて商品を開発する以外の発想がもてずにきていました。

しかし当然のことながら、BtoCで事業を行うには、消費者目線が欠かせません。タオルを使う人たちの声を聞き、それを商品開発に活かしていくのがなにより大切です。

ただ、理屈としては分かっていても、実際に消費者の立場からの視点でのものづくりを始めるにはエネルギーがいります。マーケティングを行ったり、販売の現場に足を運んだりしながら地道にニーズを拾い集めなければならないからです。問屋さんに切られて売上が大きく減ったのに、ここでものづくりのあり方を根底から変えるようなことをしていいのかという迷いが浮かぶ日もありました。

しかし私はあえて前に進みました。目先の利益より未来を考え、問屋さん向けのOEM受注による価格競争から、高級志向の人に向けた路線に切り替えていかねばならないという考えは変わりませんでした。

そして、佐藤氏からブランディングについて教わるなかで理解したのが、ただ複雑な柄を織って値段を高くしてもうまくいかないということでした。売れるモノの値段は理由があってついているのであって、高級にするなら相応のストーリーがなければならないのだとその時気づいたことは大きな財産となりました。

そこから私の会社のものづくりは、さらに変わっていきました。高級なタオルを買ってくれる人が最も注目するのは品質と心地よさです。より徹底して素材にこだわり、あらゆる点で最高の技術を導入し、値段にふさわしいタオルを開発することに力を注ぐようになりました。その姿勢は、現在の〝まじめな、ものづくり〟というカンパニーコンセプトに集約されています。

それは創業以来、先代社長がひたむきに続けてきたことでもありました。私はそこに消費者の視点に立つという新たな方向性を加え、ＢｔｏＣ市場への進出を目指したのでした。

第
3
章

「今治タオル」を全国へ――

今治ブランドの認知向上を追い風に
組合に先駆けて自社オリジナルタオルで東京・銀座へ出店

今治タオル第一号となった丸栄のタオルパジャマ

ＪＡＰＡＮブランド育成支援事業により新たに生まれた今治ブランドのタオルが初めて世にお披露目されたのは、２００７（平成19）年２月15日です。東京・青山のスパイラルホールで５日間にわたって開催した今治タオルプロジェクト展で、新たなロゴマークや真っ白な高級タオルなどが集まった約40社のメディアに公開されました。今治のメーカーは３社参加しており、私もそのなかの一人として発表会に出席していました。そこで発表された今治タオル第一号（第２００７－００１号）となる商品群、例えばタオルパジャマはデザイナーとのコラボレーションにより作られたシリーズの一つです。

もともとこの展覧会の企画として、今治のタオルメーカー３社がそれぞれデザイナーと組んで新商品を開発するというものがありました。私は真っ先に手を挙げて、コスチュームアーティストのひびのこづえ氏とともにものづくりを行うことが決まりました。

過去にもデザイナーとコラボレーションをして商品を作り上げた経験があるので自信はあったのですが、ふたを開けてみると開発はいばらの道でした。こだわりの強いひびの氏から上がってくる要望が一筋縄ではいかないものばかりで、頭を抱えてしまったのです。日本では見掛けないけれどヨーロッパを旅するとホテルで出会うようなタオル、薄くてよく水を吸ってかさ張らないタオル、長く使ってもやせない、むしろ柔らかくなるようなタオルなど、デザインの専門家ですから当然といえば当然ですが、デザインを追い求めるあまり原材料費や手間といったコスト感覚が薄いように私には思えました。抽象的な要望を咀嚼し、ようやく形にして持っていくと、今度はサイズや柄に対してミリ単位で指示が入り、しかもできる限り早くするよう言われます。

小さなデザイン変更であっても、何千本もの糸をつなぎ変えなければ試作品は出来上がりません。それなのに矢継ぎ早に来る生地やデザインの変更指示に対して私は怒りすら覚え、ボタンを押せば簡単にタオルが出てくるとでも思っているのかと胸の内で毒づいたりもしました。

何度も意見がぶつかり、互いに譲りませんでした。こんなにも制作現場の思いが分からない相手となにが面白くて一緒に仕事をしなければならないのかと、ことあるごとに腹を立てていました。私からすると、ひびの氏の主張はデザインさえ良ければ売れるというスタンスからの発言に思えて、私が素材から使い心地まであらゆる点を吟味し、一つひとつ

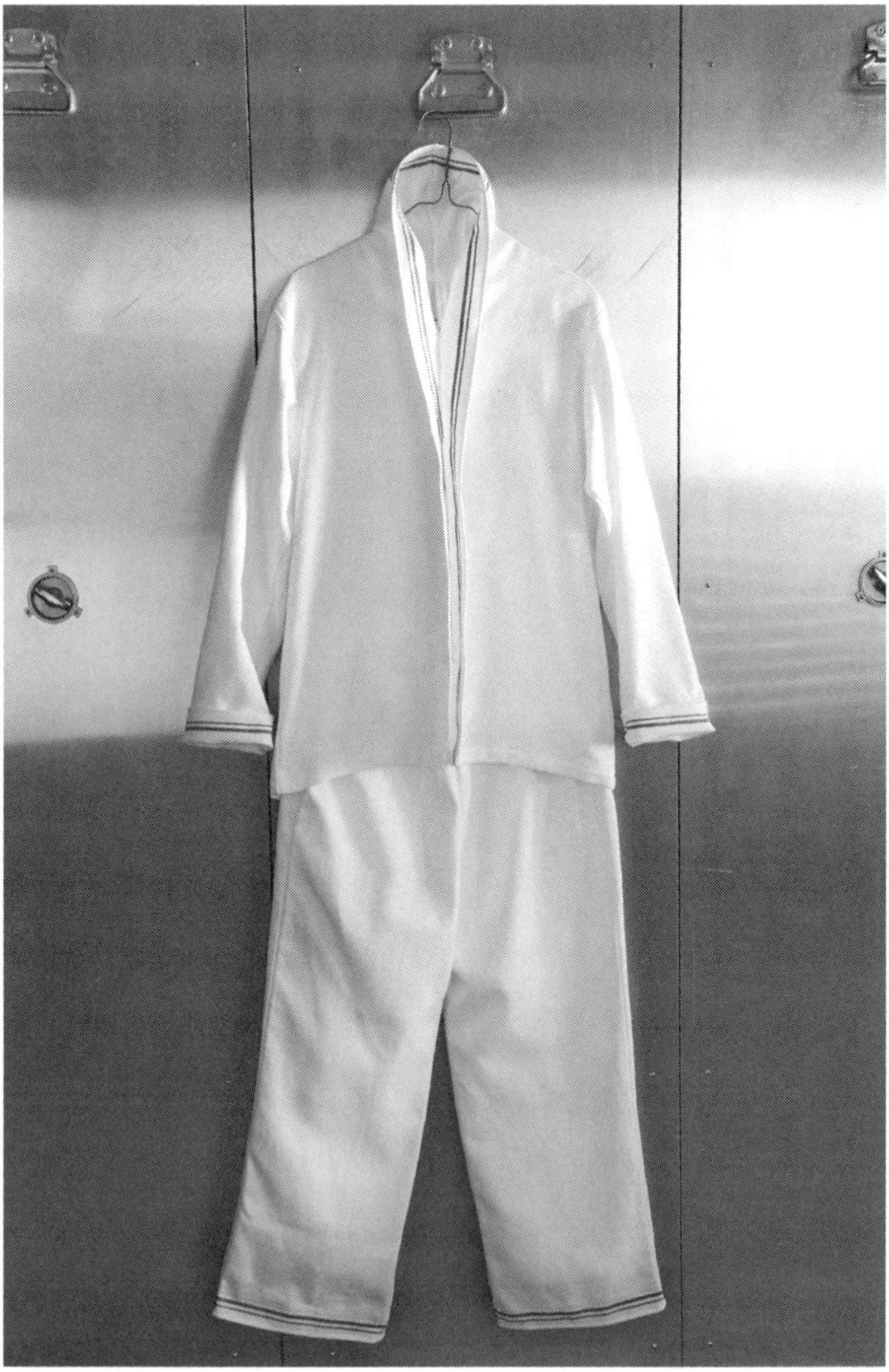

HIBINOKODUE + MARUEITOWELのタオルパジャマ

をもっと大切に作りたいと考えていたのと対照的だと感じていたのです。

正直にいうと、すぐにでも中止にしたかったです。もし自社だけの話なら間違いなく投げ出していたと思います。しかし今治のタオル組合を代表する立場でやっているプロジェクトでしたから、そんな無責任なことなどできません。時には涙を流すほど、何度も悔しい思いをしましたが、我慢するしかありませんでした。

結果として1年近く喧々諤々のやりとりが続き、なんとか完成させたのがHIBINO KODUE+MARUEITOWELです。独自の生地を開発し、タオル類はもちろんパーカー、バスローブ、タンクトップなど10種ほどのアイテムを作り、タオルパジャマも今治タオル第一号のうちの一つでした。

ようやく発表までたどり着き、東京・青山のスパイラルホールで披露することとなったその席で行われたひびの氏のスピーチは、心に残るものでした。私のことを、中世に瀬戸内で暴れまわった海賊・村上水軍の子孫だからやたらと気が強くて頑固だとしたうえで、まったくこちらのいいなりにならない、だからこそこんなにすばらしい商品ができたと紹介してくれたのです。

これは私にとってなによりの誉め言葉でした。確かに意見や価値観がまったく違った相手と納得するまで議論したからこそ、自社だけでは生まれない新たな商品が作れたのだと思います。そう思ったとき、制作時のすべてのわだかまりがすっと溶けていくのを感じました。

苦労のかいあってか、後の新宿伊勢丹での今治タオル販売会でもHバイヤーから「こんなすばらしい生地は見たことがない!」と、お誉めの言葉をもらいました。展示会場のマーケットで委託販売を行ったところ、商品は飛ぶように売れていきました。発売日にそれだけ売れるというのは、人が手に取りたいデザインがあってこそです。そこで私はデザインのもつ力をまざまざと見せつけられたように感じ、ひびの氏のコスチュームアーティストとしての実力に心打たれました。

その後も、HIBINOKODUE+MARUEITOWELの商品群はコンスタントに売れ続け、現在でもロイヤリティーの支払いを続けていることを誇りに思います。

タオルソムリエ資格制度と最高の職人のみに与えられる称号、タオルマイスター

こうして世に出た今治タオルプロジェクトは、スパイラルホールでの展示会以外にもその存在をアピールすべくいくつもの取り組みを行っていました。なかでもユニークといえるのが、2007（平成19）年から実施されてきたタオルソムリエ制度です。

一口に今治タオルといっても、どのようなものを好むかは人によって大きく違います。厚手でボリュームがあるものがいいと思う人もいれば、軽くて肌触りの柔らかなものが好きな人もいます。種類についても、バスタオル、フェイスタオルといった日常生活で活躍する商品から、美容院やエステでプロが使う商品まで幅広く存在します。最近注目されている、オーガニックコットンやワッフル・ガーゼ織りの商品など、流通しているタオルは何千種類に及びます。

これだけ多様性が出てくると、タオルにはどんな種類があるのか、種類によってなにが

違うのか、どのように使い分けたらいいのか、という悩みをもつ消費者が増えてきます。これまでの漠然とした経験だけを頼りに、ただなんとなく今治タオルで検索を掛けても、自らのニーズにフィットする商品はなかなか見つからないと思います。そこでもし、専門知識をもったアドバイザーが存在し、自分にとって最も価値ある一枚を提案してくれたなら、顧客満足につながるのではないかというアイデアから、タオルソムリエ制度は生まれました。

今治では、本当に欲しいタオルに出会える環境づくりを進めるべく、同制度によってタオル選びのアドバイザーを育成しています。タオルソムリエの資格を有するには、タオルソムリエ資格試験に合格する必要があります。この試験はタオルに関する多角的な知識を問うものであり、内容はタオルに関する歴史、文化、技術、製品、顧客サービス、ブランドなど多岐にわたります。身近な存在であるタオルについて正しく理解したうえで、その知識を活かしてタオルの魅力を伝えられるプロフェッショナルな人材の育成を目指しています。

２００７（平成19）年９月に行われた第一回タオルソムリエ資格試験においては、今治、東京、大阪の３会場で２８４人が受験し、１８７人が合格しました。丸栄タオルからも私を含め3名が合格しました。その後もほぼ毎年開催され、現在までに全国で3500人以上ものタオルソムリエが誕生してきました。

このようなタオルソムリエ制度と対になる存在といえるのがタオルマイスター制度で、今治のタオルづくりに貢献し、伝わる匠の技を伝承する優れた技術者にマイスターの称号を与えようというものです。

当時から今治では、技術者の高齢化や若い人材の不足が問題となっていました。歴史ある会社が、技術者を確保できずに泣く泣く廃業していく姿を私も何度も見てきました。今治で100年以上にわたり連綿と培われてきた世界最高峰の技術を、どう次の世代に継承するかというのは大きな課題であり、その一つの解決策として、タオルマイスター制度への取り組みがスタートしました。

タオルマイスターの定義は「知識・経験に裏打ちされた最高の技術と技能を身につけ、若手のみならず、中級・上級者の範となり、地域社会に貢献する人格も備えた者」とされています。資格を取るためには、以下の要綱を満たす必要があります。

①実務経験20年以上

②技能検定1級合格者（もしくは社内の技能評価検定で技能検定1級相当と認められる者）
③職業訓練指導員免許を取得した者
④後進を指導育成する事業や団体に協力・貢献した実績があり、今後も次世代を担う技術者への技術・技能・知識の伝達に携われる者
⑤本人および所属する組合員企業の同意が得られること

20年以上の実務や、社内における技能検定1級合格など、かなり厳しい条件となっていますが、その裏には今治の発展を支えてきたのはまぎれもなくタオル職人たちであるとの自負と、技術に対する誇りがあります。それらを体現するタオルマイスターは、簡単には手の届かない憧れの存在でなければいけません。この制度の設立により若手や中堅の技術者が目指すべき明確な目標が定まったのは、大いに意義のあることです。

独自で進めた銀座への出店計画

多岐にわたる今治タオルプロジェクトと並行して、実は私は一世一代の大博打《ばくち》に打って出ようとしていました。自社単独での、銀座への出店を画策していたのです。

2006（平成18）年、期限付きのオープンであったいまばりタオルブティックが閉店しました。経営的には終始厳しい状態が続き、数字としての成果を残すことは叶いませんでしたが、それでもOEMだけに注力してきた今治のタオルメーカーに自社ブランドの設立という新たな道を示したことは有意義なことでした。

閉店にあたって今後も継続していきたいと考える会社は4社あり、私もその一人でしたが、いまばりタオルブティックのテナント料は1カ月200万円と高額でしたから、そのまま店舗を引き継ぐことはできません。そこで共同で新たな物件を探すことになったのですが、残念ながら方向性の違いなどでなかなか意見がまとまらず、共同経営の話は頓挫しました。

その後も私は、個人的に不動産屋を巡って情報を集めていました。せっかくプライベートブランドを立ち上げたのに、それを販売する場がないのでは不十分です。いまばりタオルブティックの経験をそのまま活かせる銀座で、新たに勝負してみたいという断ちがたい思いがあったのでした。

不動産屋から紹介してもらったなかで私の目を引いたのが、銀座4丁目の店舗でした。歌舞伎座の裏手で、晴海通りから少し入ったところにあり、立地的にも申し分ありません。その物件と出会ったのは2007（平成19）年の3月で、私はすぐに契約しました。これを逃せばもう二度と同レベルの物件が出てこないと感じたからです。

しかしそこから4カ月間は、なにもせずただ家賃だけを払い続けていました。それにはもちろん理由があります。実は私の会社では、中小繊維製造事業者自立事業の最後の募集年度となる2005（平成17）年に応募をして採択の可否を待っている状況でした。もし採択前に自力で動き出しているとなると、仮に採択を受けたとしても補助金が出ないという縛りがありました。そのため物件の契約を別名義で行うなど慎重を期す必要があったのです。

振り返ると、セーフガードは諦めなさい、その代わりに補助金を出すから自分たちで店をやればいいというような国の自立支援には課題が多くありました。補助金さえ出せば店がやれるだろうという思惑は、はっきりいうと浅はかであり、実際には店の棚を埋める商品群や、店舗運営や集客などのノウハウがなければ店はできません。私も数年間を掛けて準備し、ようやくその要件が整ったところで自立事業に立候補したのです。

満を持して店を開けるも赤字続き

結論からいうと、自立事業の採択を受けることは叶いませんでした。自立事業も終盤には店舗出店から輸出事業を推し進める方向へと変わっていきました。6月に不採択の通知が届いたところで、私はすぐに物件の名義を切り替えて店舗のオープン準備を始めました。

しかし、周囲の仲間や社員たちのなかには反対する人が多くいました。自社だけの負担で店をやるのはリスクが大き過ぎるとか、いまばりタオルブティックで実績が残せなかったのに同じ失敗を繰り返すのかとか、今までどおり問屋さんを相手にしていたほうがいいなど、ネガティブな意見ばかり言われましたが、それでも私の決意は揺らぎませんでした。

問屋さんの不興《きょう》を買い、売上の多くを失いながらも東京に進出したのも、プライベートブランドを立ち上げてアイテム数を地道に増やしてきたのも、すべては店舗での販売を見据えてのことでした。出店プロジェクトは、いわばその時点での集大成だったといえます。

そして2007（平成19）年8月1日、丸栄タオル銀座店タオルブティックはついにオープンの日を迎えたのです。

私の胸は期待で膨らんでいました。ここからいろいろなことが変わっていくという希望、変えてみせるという決意が胸の内で燃え盛っていました。しかし、現実はそう甘いものではなく、銀座店はオープンして何年も赤字続きで、鳴かず飛ばずでした。オープンの際、周囲で店をやっている人から、銀座は10年経って初めて認められる場所だから諦めたらだめだと言われましたが、毎月赤字で1年目を終えた段階で、正直とても10年もつとは思えませんでした。

振り返れば、その当時に銀座店でやっていたことはお店ごっこに過ぎないレベルだったと思います。本格的な接客の教育を受けていない店舗スタッフたちのホスピタリティの質は高いとはいえず、気まぐれに店を閉めてみんなでランチを食べにいってしまうようなこともありました。集客の方法も分からず、歌舞伎座に行って観光客に写真を撮ってあげると言って声を掛け、撮ったついでにこの裏にタオル屋さんがあるのでぜひ来てください、とチラシを配ったりもしました。

そうして店の業績はずっと採算割れでしたが、唯一の救いだったのは銀座の店で商品を見た会社などから、ぽつぽつとOEMのオファーが届くようになったことでした。

一般的な糸の5倍の値がつくオーガニックコットンを使用

銀座への出店と前後して私が力を入れていたのが、最高級の商品を作るための研究開発でした。タオルの素材となる糸についてさらに研究し、糸ごとに、太さと撚り、縦糸と横糸の本数のバランスなどを調整しながらサンプルを何十枚も作りました。また、これまでは肌に触れるパイルだけに高級糸を使っていたところから、布全体を高級糸で構成するのを試してみました。

改めて分かったのは、いい糸を使えばいい商品ができるわけではないということです。高価な糸というのは、最適な使い方さえできればすばらしい商品を作ることができますが、逆に性能を引き出すことができないと、普通の糸とほとんど変わらない仕上がりになってしまいます。この時期に高級な糸をたくさん使って研究を重ねたのが、結果として会社の技術力を底上げしてくれました。

そうして高級糸ばかり使っていると、自然とその種類にも詳しくなり、仕入れのノウハウもたまってきます。2000年代前半から、高級な糸をたくさん取り揃えていた大正紡績という紡績会社からよく糸を買っています。その当時の担当者には、最高品質の糸の世界をいろいろと教えてもらいました。

私たちはこの時点からすでにスーピマコットンを扱っていましたが、タオル屋がこの糸を持っていることは当時はあまりないと言われました。スーピマコットンとは、アメリカのスーピマ協会の登録商標で、スーピマコットン（Superior Pima）のことです。通常の綿花の繊維の長さは24㎜ほどですが、スーピマコットンの繊維は「超長綿」と呼ばれる35㎜以上のものです。その生産量は世界の全綿花生産量の1・5%～2%とされており、最高ランクに位置し希少価値が高い糸です。スーピマコットンは、協会に加盟している家族経営の農家、約500農園のみが栽培を許されています。栽培技術は代々受け継がれ、高品質な綿が安定して生産されてきました。スーピマコットンの糸

スーピマコットンの綿花

でタオルを作ると、なめらかな肌触りと上品な光沢のある仕上がりとなります。洗濯しても毛羽が出づらく、耐久性も高いです。

私たちはスーピマのなかでもオーガニックにこだわりました。綿花は害虫に弱いため、安定した収穫のためには多くの農薬が必要となりますから、環境に対する負荷が比較的大きい作物といわれます。オーガニックコットンは、3年以上の期間、人体や地球環境に悪影響を及ぼすような化学肥料をいっさい使用せずに有機栽培を行い、公的な認証を受けた綿花です。生産だけではなく、製品化に至る工程でも化学薬品を使用しないことと定められています。オーガニックコットンを使った糸は肌への刺激が少なく、それでタオルを作れば赤ちゃんの肌にも優しい商品ができます。

このようなこだわりが詰まった糸は、当然ながら値が張ります。当時、今治で一般的に使われていた糸が、1梱（181kg）で6～7万円という価格だったところ、スーピマオーガニックは31万6千円前後と、5倍ほどで推移していました。

こんな桁外れに高い糸でタオルを作ろうという酔狂な会社は、その頃一社もありませんでした。それでも私がスーピマオーガニックを採用したのは、海外での経験からでした。

欧州最大級の見本市「メゾン・エ・オブジェ」に出展

私は早くから海外市場を見据えてタオルを開発してきました。海外に行くたびにタオルを買い込んできて研究していたのですが、ヨーロッパのタオルはしっかりとした硬い生地が多く、耐久性が高いという特徴がありました。これは生産過程で使う水の質も関係しています。風合いや柔らかさといった品質面では日本のタオルに分がありましたが、デザインやカラーでは圧倒的にヨーロッパが勝っていました。そのたたずまいは美しく、ただ浴室や洗面所に置いてあるだけで絵になるようなタオルがたくさんありました。

世界で勝負するなら品質だけでなく、おしゃれなシーンにも溶け込むようなデザイン性の高いものでなければ売れないだろうと私は考えていました。

また、海外市場ではオーガニックが一つのキーワードとなっており、特に欧米の消費者はオーガニックを使った、環境負荷の少ない商品を好んでいました。それを感じたのが2007（平成19）年1月、フランスのパリで開催された欧州最大級のインテリア・デザイン見本市メゾン・エ・オブジェです。これは私にとって初めての海外の展示会で、ちょうど自社の商品数が充実してきており世界における評価を知りたいと考えていたタイミングでした。

会場を見ていると、エコロジーなストーリーをもった商品は多少高くてもどんどん売れていました。高価でも地球にやさしい商品を買うという消費行動が一般的なものになっていました。ファッション業界などで顕著ですが、欧米で生まれた潮流はいずれ日本に広がるものです。おしゃれでオーガニックなタオルは、必ず日本の市場でも求められるようになると私は強く感じました。

なによりオーガニックへの取り組みは、ナチュラルをキーワードとするブランド「イデゾラ」との相性が非常に良かったというのも理由でした。

そこからさらに私の素材に対する探求はエスカレートしていきました。いくら最高の商品を作っても、それをさばく販路がなければ当然、事業は成り立ちません。期待の銀座店も相変わらず赤字続きの状況で、なんとかそれに代わる販路を作れないかと試行錯誤していました。

そこで2008（平成20）年の夏に取り組んだのがテレビショッピングです。銀座店に営業を受けたことがきっかけでショップチャンネルで商品を販売しようという話になりました。当時、今治タオルというブランドはまだまだ無名であり、私の会社の名も知られていませんでしたが、それでも銀座店の宣伝にはなるだろうと考え、販売を決意しました。

最初の商品は、タオル地で作った5000円のリバーシブルハットというかなりユニークな商品です。ただタオルを売るのではなく、ライフスタイルを提案していくという私なりの決意を込めてリバーシブルハットを送り出しました。完成度を高めるためハットの開発は両国の帽子工場に依頼しました。

もちろんリスクはあります。1000枚ほど作りショップチャンネルの倉庫に納品してからようやくオンエアが決まるという流れで、もし売れなければ送り返されることになっていました。

その夏は北京オリンピックで日本中が湧いていました。割り振られた放映日時は北島康介選手が金メダルをかけてレースに挑む時間帯であり、ショップチャンネルなど誰も観てくれないのではないかとひやひやしました。

しかしふたを開けてみれば、リバーシブルハットはすぐに完売しました。これに気を良くしてストールやチュニックワンピースなどいくつかの商品を出してみると、いずれも好評でした。テレビショッピングでは販売できる商品数に限りがあり、事業の柱になるような大きな利益が出るものではありませんでしたが、それでも消費者の反応を見るという意味で、その後も活用しました。

リーマン・ショックで綿花の価格が高騰

2008(平成20)年9月、アメリカの大手投資会社リーマン・ブラザーズの経営破たんを引き金として経済危機が起きました。アメリカ市場のみならず各国の市場が混乱に陥り、日本でも株価が急落しました。いわゆるリーマン・ショックです。

リーマン・ショックは繊維業界にも暗い影を落としました。直接的な影響としては、行き場を失った投機マネーが綿花の先物取引に注がれたことで、綿花の値段が高騰しました。タオルメーカーが糸商から買う原料の値段もまた一気に上がりましたが、だからといって仕入れないわけにはいきません。

ところが、せっかく高いお金を払って仕入れた原料は、質が低下して使い物になりませんでした。製織して製品にしても毛羽落ち試験の成績が悪く、今治タオルの認定試験をクリアできなくなりました。

慌てて仕入先に問い合わせると、うちには問題はないという一点張りです。綿花の高騰により、いい綿が買えないのは想像がつきますが、それを正直に言わずに責任逃れをする体質に、私はこんなところに頼っていてはいつか大変なことになるという大いなる不安を抱きました。それをきっかけに、私は国内の商社を通さずに直接、海外の紡績会社と取引できる道はないか探し始めたのです。

チャンスは、思いのほか早くやってきました。2009（平成21）年に出展したメゾン・エ・オブジェの会場で、糸に興味はないかと私に声を掛けてきた男性がいました。その営業マンのPは、私たちが出展して商品をアピールしている側であることなどまったく気にせず営業を掛けてきたのです。

話を聞くと、今まで日本では扱ったことのないようなユニークな糸も持っているようで、私は興味を持ちました。展示会が終わってから会社を訪問することを約束し、最終日の翌日に、通訳を雇ってPの会社があるというベルギーへと向かいました。

会社に着いてPと会うと、彼は開口一番、日本人が来たのは初めてだ、リップサービスだと思っていたのに本当に来たのかと、驚いていました。そうしてPの商社からトルコ産の糸を仕入れる契約を結んだのが、初の海外との取引となりました。

トルコで偏西風が育んだ最高の綿花と出会う

2009(平成21)年は今治タオルプロジェクトが本格的に海外へと進出しようとした年でした。その前段として、3年間で終了する予定だったJAPANブランド育成支援事業の1年間の延長がありました。

延長に伴い、国は事業のテーマをこれまでのブランド確立支援から、先進的ブランド展開支援へと変更しました。これはつまり、海外市場でJAPANブランドを展開せよという国の意思表示であり、組合事業としても今後は海外の展示会にさらに出展し、販路開拓を目指そうという運びとなりました。出展先の候補のなかから最終的に決まったのはフィンランドのヘルシンキで開催されるインテリア見本市ハビターレへの出展でした。

当日、白木をベースにした和のデザインでまとめられた今治タオルのブースは、会場でもひときわ目を引きました。白いタオルの豊富なラインナップも物珍しかったですし、今治タオルならではの柔らかさや軽さも、ヨーロッパで主流の厚手タオルとは一線を画したものでした。こんなタオルは見たことがない、初めての触り心地で感動したというような声がたくさん集まり、私は手応えを感じました。実際に、ぜひ欲しいというバイヤーがあとを絶ちませんでした。それにもかかわらず、商談はまったく成立しませんでした。相手が値段を知った途端に話が前に進まなくなるのです。

価格が海外進出のハードルとなるというのは、私もこれまでの海外の展示会での経験からよく分かっていましたが、目下のところ有力な解決策は思いつかず、課題をひとまずもち帰るしかありませんでした。

どうすれば海外市場で受け入れられる商品を作れるのかと私は悩みました。少しでもコストを下げるには、やはり海外の商社との直接取引が必要です。私は9月はPのところのトルコの綿花が収穫期を迎えるということをふと思い出しました。スケジュール帳を見てみると、幸いにも展示会後に差し迫った予定は入っていません。

私はさっそくPに連絡を入れ、ハビターレの会場から飛行機とホテルを手配して、フィンランドからトルコのイスタンブールへと飛びました。自社がこれから仕入れる糸のもととなる綿花畑を一目見ておきたかったのです。

飛行機に4時間揺られ、イスタンブール空港に到着したまではよかったのですが、乗継便がどれなのかよく分かりません。空港で日本人を捕まえて乗継便を教えてもらい、目的地のイズミルはイスタンブールから南西に1時間ほどの場所にあると聞きました。

エーゲ海に面し、トルコ第3の規模を誇る都市であるイズミルは、その美しさからエーゲ海の真珠と呼ばれています。気候も穏やかで、付近にはエフェソス、ペルガモンの古代都市の遺跡があり、観光客が多くやってきます。私が訪れたのはちょうどイスラム教のラマダンの時期で、日没後の飲食が許される時間帯に入ると、どこもお祭り騒ぎでした。

綿花畑はエーゲ海を望む小高い丘の上にありました。海を挟んで、ギリシャの小高い山々と白い家が見えました。イズミル側にある家々もまた真っ白で、エーゲ海の深みのある青とのコントラストがとても美しく、その風景に心を奪われました。時折、海からの風が強く吹き、私の髪をかき上げました。真っ白い綿をたっぷり付けた綿花は、風が吹くたびにかさかさと乾いた音を立てて揺れました。

偏西風こそ、オーガニックで綿花を生産できる理由です。1年中風が吹くことで、綿花には虫がほとんどつかないため、農薬をまかなくともいいのです。担当者からそんな説明を受け、私は大いに納得しました。

大地はどこまでも広く、まるで地平線から空へと直接つながっているように思えました。自然のエネルギーの真っただなかで、このすばらしい綿花を使って、きっと最高の商品を作ってみせると私は誓いました。

誕生! エーゲシーオーガニックコットン

実際にその綿花が糸となって送られてきたのはそれから数カ月後で、私はさっそく新たな商品の開発に着手しました。最初に届いたのは海外で好まれるような固い糸でした。それを使って試しにタオルを作ったところ、やはり海外のタオルのようにシャリ感がありクールな雰囲気に仕上がりました。そこで糸の撚りをもう少し柔らかく変えるようPに指示を出し、オリジナルの糸を作ってもらいました。

完成した糸を、私はエーゲシーオーガニックコットンと名付けました。そしてこれまで培ってきた技術を活かし、糸の使い方を工夫して、柔らかな手触りの日本らしいタオルへと仕上げていきました。

オーガニックの綿花で作ったタオルにくるまってみるとよく分かるのですが、オーガニックコットン製品は、肌に触れると不思議な温かみを感じます。これは、農薬を使うと綿の中の空洞（ルーメン）が潰れることがあり、オーガニックならそれがないため、ふわふわの状態を保っているからともいわれています。

栽培に手間が掛かる分、当然ながら値段は高くなりますが、海外との直接取引により、日本の商社を通じて同格の糸を仕入れるよりも安い値段で輸入することができました。こうして直接仕入れのルートを築いたことが、のちの武器となっていきます。

エーゲシーオーガニックコットンを使った初めての商品となったのが、イデゾラ「エーゲシーオーガニック」シリーズです。さっそく銀座店に出したところ反応はことのほかよく、すぐに何枚か売れました。やはり銀座には、欧米と同じようにオーガニックである点に価値を感じる、意識が高い客層があるのだとうれしくなりました。

この頃の銀座店の売上はいまだ納得のいくものではありませんでしたが、以前に比べ少しずつ来客が増えていました。私は銀座店に通ってスタッフから情報を集め、日報を毎日チェックして、商品の使い心地や耐久性の改良を続け、それが積み重なるにつれ着実に売上が伸びていきました。

そんななか、自社ブランドでも最高級の商品がぽつぽつと売れるようになってきたことには大いに勇気づけられました。その後のイデゾラスピーマオーガニックは自社商品として初めて、取引先から扱わせてほしいと依頼を受けたものです。だからといって爆発的に売れたわけではありませんが、それでも周囲の反応から、私は自分の進んでいる道が間違いではないのだと確信しました。

2009（平成21）年にはリーマン・ショックの影響がはっきりと現れ、今治のタオルメーカーの多くが打撃を受けました。私の会社では7000万円ほどの取引額があった大きな取引先が倒産し、売上に響きました。本来なら目先の利益を確保すべく新たな問屋さんの開拓を必死で行うべきでしたが、私はあえて方針を変えず、以前にもまして商品開発に没頭しました。社運を賭けてでも、BtoCへの進出をやり抜いてみせると決めていたからです。

パレスホテル東京からの招待状

そんな折、思いがけない話が私のもとへと舞い込みました。大手不動産デベロッパーの社員が訪ねてきて、3年後にパレスホテル東京へ店舗を出さないかと切り出したのです。

担当者が説明するところでは、パレスホテル東京はこれから建て替え工事に入り、3年後にリニューアルオープンするので、そのタイミングで新設されるショッピングアーケードに店舗を出してほしいということでした。

あまりに突然の申し出で、私は事態がよく呑み込めず慌ててしまいました。東京のホテル事情にそこまで明るいわけではない私も、パレスホテル東京が世界的に有名な高級ホテルであることは当然知っています。そんな場所にうちの店を出すなんて、なにかの冗談じゃないのかと、正直、半信半疑でした。

まして銀座店の赤字はいまだに解消できておらず、今後どうなるか見通しが立たない状況なのに、3年後のプランなど想像できません。しかし私は、そこになにかを感じ前に進むことにしました。

これまでも、未来などまったく分からぬままにただがむしゃらにやってきました。こんなチャンスが残りの人生に二度と巡ってくるとは思われません。やるしかないと腹を決め、清水の舞台から飛び降りる気持ちで契約書にサインしました。

実はこの頃、国内の最高クラスのホテルのいくつかで、今治タオルを採用するところが出てきていました。また、東京・新宿にある百貨店の伊勢丹本店にはタオルコーナーが特設され、そこにある3分の1のタオルが今治タオルとなるなど、少しずつその実力が認知されていました。とはいえまだ今治で自社ブランドを展開している会社は多くありませんでしたから、タオルコーナーの大部分は私の会社の商品群で占められていました。自社としても、当時あった三越恵比寿店でイデゾラのタオルを販売するなど、ＢｔｏＣの販路は拡大傾向にありました。

そうしたタイミングで完成したのが、組合のブランド推進委員会が中心となって作成した今治タオルブランドマニュアルでした。これには今治タオルというブランドの定義や意義、運用の具体的な手法、違反時の措置まで定められており、いわばルールブックにあたるものです。

この頃から、今治タオルがメディアで紹介される機会も増えていました。朝日新聞日曜版で「国産の人気、復活の兆し」として取り上げられたり、ＮＨＫの「クローズアップ現代」で特集を組まれたりと、全国区のメディアで取り上げられるようになっていました。そんななかで最も大きな反響があったのが、２００９（平成21）年7月2日に放映された、テレビ朝日の「報道ステーション」です。

「存亡の危機から奇跡の復活！　タオル産地・今治の挑戦」と銘打たれた特集の放映後か

ら、今治市や今治タオル工業組合に対し、「どこに行けば今治タオルが買えるのか」といった問い合わせが相次ぎました。伊勢丹新宿本店のタオルコーナーでは商品がどんどん売れ、自社の銀座店舗の客足もぐっと増えました。

1999（平成11）年、真新しい社屋の会議室で社員の藤原と自社のオリジナル商品についての構想を練ったあのときから、実に10年の月日が経っていました。ぶれることなくやり抜いてきた成果が、メディアという強力な追い風を受けたことで、ようやく表れてきたのです。

銀座店の人気ぶりを見て、私は胸をなでおろしました。これならパレスホテル東京の新店舗もきっとなんとかなるだろうと、私は期待に胸を膨らませ、さらに新商品開発に力を入れていくことになりました。

第4章

日本のものづくりは世界で通用すると信じて——

高品質のタオルで販路拡大を目指し海外市場に挑戦

東日本大震災で消えた銀座の灯

２０１１（平成23）年３月11日、14時46分――。

私は今治の本社で東京事務所と電話をしていたのですが、なんの前触れもなく電話が切れました。そしてそこから何度掛けてもつながりません。不審に思い、ニュースを観てみようとテレビをつけると、画面には真っ赤な日本地図が映っていました。緊急地震速報を伝えるアナウンサーが鬼気迫る様子で叫んでいました。

そこで私は初めて、東北地方で大地震が起きたと知りました。今治地方の震度は１で、個人的には揺れたかどうかすら分からないくらいでしたから余計に驚きました。

その後しばらくすると、目を疑うような映像がテレビに映しだされました。津波に襲われて崩壊する町、濃煙が立ち上る原子力発電所といった、とても現実とは思えない映像を目の当たりにして、私も社員たちも背筋が凍る思いでした。

各地を襲った津波の高さは、福島県相馬で９・３ｍ以上、岩手県宮古市で８・５ｍ以上、宮城県女川漁港では14・８ｍを記録しました。また、遡上高（陸地の斜面を駆け上がった津波の高さ）では、国内観測史上最大となる40・5mが宮古市重茂姉吉地区で観測されましたが、町が丸ごと飲み込まれていく恐ろしい光景は、今もまぶたに焼き付いています。後日、発表された被災地の被害状況はすさまじく、死者1万5000人以上、行方不明者7500人以上にのぼっていました。首都圏でも震度5の揺れが観測され、交通機関が停止して大量の帰宅困難者が出ました。

未曽有の災害が日本列島を襲ってから3日後、私は急いで東京に向かいました。このような大変な時期に自分の店ばかり心配していいのかという罪悪感が強かったですが、一方で会社が潰れてしまえば従業員たちを路頭に迷わせることになります。経営者としては、銀座店の状況を確かめるべくできる限り早く現地入りする必要がありました。

震災後の銀座は電気が消えて静寂のなかにあり、私が知っているのと同じ場所とは思われないほどでした。皇居周辺からは毎日必ず見掛けた外国人ランナーの姿は一人残らず消えていました。近くのコンビニやスーパーの棚はいつ行っても空っぽでした。

そうして世の中が大変な状況になり、苦しんでいる人がたくさんいるのにもかかわらず、果たして自分たちがのんきに店をやっていてもいいものか――本当に悩みました。銀座店にようやく固定客がついてきたタイミングでしたが、それに冷や水を浴びせるような出来事は、実は震災前からすでに起こっていました。歌舞伎座の建て替えが決まり2010（平成22）年4月から一時閉鎖されたことで、歌舞伎座周辺の人通りは明らかに減り、せっかく増えてきた銀座店の客足も鈍くなっていたのです。そういう状況に震災というとどめのパンチが飛んできて、もはや運営的にもノックアウト寸前でした。

私は限界を感じ、潮時を意識せざるを得ませんでした。

それでも諦められず、なにか突破口はないかと考え4月に開催された企業展示会に出展もしましたが、空きブースが目立ち、盛り上がりに欠けました。展示会が終わった次の日、気づけば私は銀座店へと向かっていました。特段の用事があったわけではありません。ただ、私がずっと大切にしてきたその場所を、目に焼き付けておきたかったのです。晴海通りから銀座店へと至る細い道の途中にたたずみ、30分ほどもぼうっと店舗を眺めていました。

すると、七十七銀行の角を曲がってこちらへと歩いてくる女性の2人組がいます。私が見ていると、その2人組は足取り軽く銀座店へと入っていきました。その後も、数こそ多くありませんが、時折銀行の角から人が現れては銀座店へと吸い込まれていきました。通りには店があまり多くなく、ウィンドウショッピングができるような場所ではありません。

うちの店を目指して来てくれる人たちがちゃんといるじゃないかと、私は熱いものが込み上げるのを感じました。せっかく気に入ってくれた人がいるのに店を閉めるのは申し訳ない、もう少しだけ頑張ろうと、私は腹をくくりました。歌舞伎座が再建されて再びこの街ににぎわいが戻るまでは、なんとしてもやり切ろうと決めたのです。

若者に向けて商品開発をするも失敗

震災から2カ月ほど経ったある日のこと、私のもとに東京から一本の電話が入りました。JR東日本の関連会社からの電話だというのでとりあえず電話に出てみると、思いがけない相談をもち掛けられました。

聞けば、東京の立川市に建つJR立川駅直結の駅ビル・グランデュオ立川に入るテナントを募集していると言い、私の会社に白羽の矢が立ったと言います。ただでさえ銀座店の先行きが見えない状況でしたし、さらにはパレスホテル東京のオープンを翌年に控えていましたから、私は最初断りました。

しかしその後も繰り返し連絡が入り、断っても断っても一向に諦める気配がありません。上層部の社員が3度も銀座まで来て熱心に説得を続けるのを受けて、私の心は動かされました。三国志の英雄である劉備は名軍師・諸葛亮を家臣に迎えるために三顧の礼を示したという故事がありますが、この時はまさにそれを思わせるほどの熱意でオファーを受けたのです。そこまで言ってくれるならばと、私は次第に前向きに検討するようになりました。

大きなネックだったのは、8月のオープンまで3カ月という時間しかなかったことでした。その裏には、もともと入る予定だったショップが震災の影響でキャンセルになったという事情があったようです。

もしグランデュオ立川に店を構えるなら、銀座店から商品を持ってきて並べるわけにはいきません。都心のベッドタウンとしてファミリー層や若者が多く住む立川市の駅ビルの利用者は銀座とはまったく違った層であり、そこに合わせた商品をそろえる必要があります。

しかし、自社で新店舗の内装を手掛けつつ新たな商品を開発するとなると、時間がまったく足りません。そこで私は条件を付けることにしました。こちらは商品をそろえるのに全力を注ぐから、店舗の改装は貴社でやってもらいたいと提案すると、相手はすぐに首を縦に振りました。こうして急遽出店が決まり、私はただちに商品開発に入りました。ターゲットに据えたのは20代の若者です。それまで若者向けのブランドを作ったことがなかったのですが、せっかくなら新しいことにチャレンジしたいと思ったのです。

そして予定どおり8月に、2店舗目の直営店ハーティーハーティーが誕生しました。新たに立ち上げたブランド「カプリスエンジェル」シリーズは、今治タオルの品質はしっかり維持しつつ、ポップでかわいらしいデザインとなりました。私としては仕上がりに大いに手応えを感じていたのですが、残念ながらこのブランド戦略は失敗に終わります。

その理由はシンプルで、よかれと思ったデザインが思いのほか若者にうけなかったからです。

結局、ハーティーハーティーは4年間の営業ののち、今治タオル工房ｍａｏにその名を変え、イデゾラシリーズも品ぞろえした銀座店に近い売り場となりました。

ハイレベルな材料、技術、織機がそろわねば、最高の商品は作れない

2011（平成23）年には糸の仕入れにおいても新たなチャレンジがありました。

きっかけとなったのは一通のメールです。海外の展示会で名刺をたくさん配ったせいもあるのか、海外から毎日大量の迷惑メールが届くようになっており、私は毎朝パソコンの電源を入れてメールを確認する際、英文のタイトルがついているものはほとんど見ずに消す習慣がついていました。

その日も特段、意識することなくメールを削除していたのですが、なぜか一つだけ気になるメールがありました。なんとはなしにGoogle翻訳にタイトルを入れてみたところ、どうやら糸の営業らしいのです。

英語の堪能なスタッフにメールを転送し本文を訳してもらうと、一般的な糸はもちろん、高級綿糸も幅広く取り扱っているというような内容です。それで俄然、興味が湧いたので、こちらからもメールを送り返してみました。

メールの送り主であるAは、アジア圏で糸の商社を営む人物でした。何度かやり取りを続けるうちにスーピマやギザ綿といった最高級の綿も取り扱っていると分かり、その値段も比較的リーズナブルでしたので、まずは少量、糸を送ってもらうことにしたのです。取引相手と一度も直接顔を合わせずに契約を結ぶなど、コロナ禍を経験した今ならともかく、当時は考えられないことでした。先にお金を振り込みましたから、もし糸が届かなければそれまでです。しかし第六感とでもいうべきか、私には不思議とこの取引がうまくいくという予感がありました。

とはいえ最初のメールのやり取りから3カ月後に荷物が届いたときには、ほっとしました。さっそく糸を出してみると、一目で分かるほどの高品質です。

そこからAとの本格的な取引がスタートし、何度も糸を送ってもらううちに、高品質な糸を安定して買えるようになったのです。Aにはことあるごとにカスタムオーダーを行い、世界で唯一となる専用の糸を作ってもらっています。

海外との直接取引を通じて常に品質の良い糸が安定して手に入るというのは自社独自の大きな強みとなります。また、高級な糸にこだわって商品化を続けてきたからこそ培われた技術力と、それをフルに活かしつつ最新の流行に応えられる最先端の織機も強力な武器です。

いい材料、いい技術、いい設備という三本の柱がそろわなければ、最高品質のタオルを生み出すものづくりはできません。そのすべてをそろえ、そして磨き続けていくというのが、私たちの理念でもある「まじめな、ものづくり」であるといえます。

世界的デザイナー、クリス・メスタとの出会い

こうして思いがけない形でハーティーハーティーのオープン、糸の仕入れ先の開拓といった新たなプロジェクトを手掛けることになった私をよそに、パレスホテル東京の建て直しは着々と進んでいました。それはすなわち、震災前に契約を行った新店舗のオープンが迫っていることを意味します。

ホテルのリニューアルに伴ってフロアのすべてが新築される関係で、新店舗はスケルトンの状態で引き渡されることが決まっており、こちらで一から空間をデザインする必要がありました。銀座店は、もともと入っていた店の内装を流用し、居ぬきに近い形でオープ

ンさせましたから、店舗の内装を本格的に自社で手掛けるというのは初めての経験です。

どうせやるなら変わったことをしたい、目玉となるような独自の仕掛けができないものかと悩みに悩んでいるなかで、ふと思いついたのが、クリス・メスタに空間デザインを任せてみたら面白いんじゃないかというアイデアです。ベルギー出身で、ニューヨークを拠点に世界で活躍し、数々の受賞歴を持つデザイナーであるクリス・メスタの起用は、独創的であるうえに話題性も抜群です。

クリス・メスタとの出会いは彼からのアプローチによるものでした。震災後間もない時期だったのにも関わらず、今治まで足を運んで「どこの国でも見たことのないすばらしいタオルだ」と熱い思いを伝えてくれたのです。そして「ぜひともタオルのデザインをさせてほしい」という熱意のこもったオファーに感動し、その場で契約を結んだのです。

クリス・メスタは主にアパレルの領域で活動するデザイナーであり、タオルのデザインは決して本職ではありません。しかしだからこそ、業界の常識に縛られないユニークな提案をしてきます。例えば、毛足が長く触ると心地よいバスマットが気に入ったからと、その生地でタオルを作ってしまうという感じで、発想力に驚かされることがよくありました。

そんな彼の自由なイメージを、しっかりと具現化するのがメーカーの仕事です。技術のすべてを注いで、世にない新たなタオルを仕上げてきました。

仕事の進め方もまた、業界の常識とは異なるところがあります。一般的には、柄やパターンといったデザインありきで、そこからカラーバリエーションを考えますが、彼はまずタオルの色を決めてから、それに合わせて柄をデザインしていきます。いわば色を軸として商品をデザインすることで、シリーズ全体に統一感が生まれ、商品を棚に並べたときにとてもきれいに見えるのです。そうして生まれた新たなブランドがCHRIS MESTDAGH IMABARIであり、現在でも人気商品の一つとなっています。

瞬時にひらめいたブランド名「今治浴巾」

クリス・メスタと手を組んだことにより、初めての店舗づくりは大きく進展します。白い壁に落ち着いた茶色の棚、壁面にずらりと並ぶタオルと、間接照明によって浮かび上がるブランドロゴなど、予想以上のデザインに仕上がり、私はクリス・メスタに深く感謝しました。

パレスホテルへの出店契約を結んだときから、すでに私はこの新店舗をフラッグシップ店とするイメージがありました。

扱うのは銀座店と同様の最高級品で、顧客は世界中からやってくる高級志向の人たちです。商品には自信がありましたが、店については少しでもチープなところがあればすぐに見抜かれてしまいます。空間デザインをはじめ、あらゆる点を上質に仕上げる必要がありました。そのためには当然コストが掛かりますが、それは必要経費であるととらえていました。

製造業においては、機械や工場といった生産設備にばかり投資を行って、社屋や店舗といった箱にはできる限りコストを掛けない習慣が根付いているように感じます。社屋や店舗というのはいわばその会社の顔であり、それが古びていたり、安っぽかったりすればブランドとしての信頼など生まれないというのが私の考えです。いいものを売るなら、まずは上質な空間を作るということ――この発想は、のちの店舗展開においても軸となっています。

ショップ名については、2011（平成23）年の段階で大手不動産デベロッパーの担当者から相談を受けていました。私は最初、銀座店と同じイデゾラを提案したのですが、担当者は即座に退けました。パレスホテル東京は日本のおもてなし文化を世界に発信する場

パレスホテル東京の中にある今治浴巾丸の内店外観

所であり、そこに軒を連ねる店の名前がフランス語というのはおかしい、もっと日本らしい店名を考えるべきだと言います。

その瞬間、フェイスタオルの昔の呼び名である浴巾という言葉に思い当たりました。今治タオルをすべて日本語で表現して、「今治浴巾」です。担当者は賛同の意を表し、音の響きもすてきだと言って認めてくれました。

今治タオルを代表するブランド店の一つとして「今治浴巾」はこうして産声を上げたのです。

10回以上の改善で完成した理想のバスマット

自社の店舗づくりを進めるのと並行して私が力を入れていたのは、パレスホテル東京の客室で使用するアメニティの開発で、バスマットとバスローブを手掛けていました。ただ、世界に名だたるホテルだけにその要求のハードルは高く、一筋縄ではいきません。例えばバスマットについては、踏めば足跡がつくくらいふんわりと柔らかく、しばらくするとその足跡が自然に戻るようなものが欲しいという具合です。

それまでにもバスマットを作った経験はありましたが、踏みつけて使用するというその性質上、強く固い糸を用いて仕上げるというのが常識でした。仮に柔らかさを出そうとするなら、その分耐久性が落ちるというのがタオルの基本構造であり、相反する二つの要素をどのように両立すれば要望が実現できるか、そのときには正直想像がつきませんでした。

しかもこのバスマットは直接パレスホテル東京に卸すわけではなく、リネンサプライ業者に収めたものが貸し出されて客室に置かれるという形になっていました。リネンサプライ業者が第一に求めるのは耐久性で、一枚のバスマットをできる限り何度も洗濯して使うことで利益率が上がります。今後、リネン業界に食い込める可能性があることを考えれば、耐久性は必ず高めておくべき要素でした。

細くとも強い高級な糸を使うのは大前提で、あとは織り方や縦糸と横糸の本数を調整してベストなバランスを見つけだすしかありません。そうしてさまざまなパターンを試し、ある程度のレベルになったら先方へと持って行って意見をもらうというのを10回以上繰り返して、少しずつ理想のバスマットを完成させていきました。

このような苦労があったからこそ私は、ホテルのオープニングセレモニーで支配人が発した、アメニティのなかでもバスマットには特に徹底的にこだわったという言葉に胸を打たれ、感激したのです。

ちなみに、のちにバスマットを見たクリス・メスタが、この生地でタオルを作ってみたいと言いだしたのですが、生地をそのままタオルに流用することはさすがに難しかったため、ノウハウは活かしつつ新たに生地を作りました。それをクリス・メスタに渡し、そこからシャワータオル、ハンドタオル、ウォッシュタオルを開発したところすぐに評判となり、よく売れました。

このようにしてパレスホテル東京への出店プロジェクトはつつがなく終わり、世界に対する窓口として、今治浴巾丸の内店というチャネルをもつことができたのでした。なおこの時期には今治タオル工業組合としても、世界を意識した展開を行っていくことになります。

なぜヨーロッパのタオルは硬くて強いのか

2009（平成21）年にフィンランドで行われたインテリア見本市ハビターレへ出展し海外進出を果たして以来、今治タオル工業組合では連続して海外の展示会に出展しています。例えばイタリアのミラノで開催されたインターナショナル・トレーディングショーmacef展〔2014（平成26）年より名称がHomi展に変更〕には、2011（平成23）年から3年連続で出展しました。この展示会は、生活雑貨やインテリア用具といったライフスタイルに関わるアイテムが一堂に会する、世界で最大級の国際見本市です。

本来、ブランドの浸透を図るなら、まずは同じ展示会に連続して出展していくのが定石です。しかしハビターレの開催地であるフィンランドは、その地理的な背景からロシアや東欧からの来場者が圧倒的に多く、フランス、イタリア、ドイツといったヨーロッパの国々からの来場者が集まらないと分かりました。世界のタオル市場に食い込むには、やはり流行の発信源であるヨーロッパを目指すべきであるという意見から、ｍａｃｅｆ展が選ばれました。

なお選定にあたっては２００９（平成21）年に組合で一度、展示会の視察に出掛けています。その際にミラノのタオルショップやインテリア雑貨店も回り、品ぞろえやディスプレイの仕方をチェックしました。すると現地のショップでも、海外で生産された安価な輸入品が急増している実態が明らかになってきました。タオルはもともとヨーロッパの生活文化から生まれたものですが、その故郷にも輸入品が攻め込んできていたのです。

また、現地のライフスタイルを肌で感じるべく、一般家庭を訪問したところ、イタリアでは日本のようにタオルをギフトとして送る文化がないことも分かりました。

こうした市場調査の結果を受け、私はどのような商品を作ればいいのか迷いました。これはあらゆる業種の海外進出に当てはまると思いますが、どの程度現地の事情に合わせ、どれくらい日本独自のニュアンスを打ち出すのか、そのバランスのとり方が難しいのです。

また、海外では日本の文化に興味がある人は珍しくありませんが、今治という産地について知っている人はほとんどいません。いわば知名度のまったくないなかで、なにを打ち出せば関心を惹きつけられるか、手探りの状態が続きました。

当時、外国の展示会で出会うバイヤーたちが今治タオルに抱いている印象は、誠実に作られている、品質が高いというものが多かったように思います。それはタオル自体というよりも、日本人が作った商品に対する印象に過ぎず、本質的な商品の魅力はなかなか伝えきれていないと感じました。私としては、圧倒的な柔らかさや、肌へのやさしさ、極めて高い吸水性といったヨーロッパのタオルにはない特徴を必死にアピールしたのですが、ときにそれが裏目に出ることもありました。ふんわりと柔らかいからこそ、すぐにぼろぼろになってしまうのではないかと心配する声が上がったのです。

以前から私は、なぜヨーロッパのタオルはこれほど太く強い糸で作られているか、疑問に思っていました。確かに耐久性は高いのですが、その分手触りや風合いが犠牲になっているのは明らかだったからです。

実はこの疑問に対するヒントが、すぐにぼろぼろになりそうという心配の声に隠れています。風合いにはあまりこだわらず、何度洗ってもぼろぼろにならないことを重視するそのわけは、現地の水質と関係しているのです。

ヨーロッパの水は、マグネシウムやカルシウムといったミネラルを多く含む硬水です。そして硬水を使って洗濯を行うと、ミネラル分が洗剤の成分などと結合して金属石けんと呼ばれるカスが生じます。この金属石けんこそ、洗剤の洗浄力を低下させ、仕上がりをごわごわさせる原因となるのです。

その対策としてヨーロッパでは、洗剤をたくさん入れたり、お湯を使って洗濯したりといった工夫が日常的に行われてきましたが、そうした洗濯の仕方を繰り返せば、繊細な生地だとすぐに傷んでしまいます。ヨーロッパのタオルに強く太い糸ばかり使われる理由はここにあります。耐久性がなければ、現地での使用に耐えられないからです。

では、今治タオルは果たしてどれくらいヨーロッパの使用環境に耐えられるのか、それを調べるため組合では、愛媛県繊維産業試験場（現在は愛媛県産業技術研究所繊維産業技術センター）で、今治タオルの洗濯実験をすることにしました。そこでヨーロッパと同様の硬水を使いタオルを50回洗濯してみたところ、やはり金属石けんが繊維について固まり、柔らかな風合いが損なわれてしまいました。日本の軟水なら１００回洗濯しても、まず起きないことです。したがって硬水で洗っても柔らかさが長もちするタオルを作ることは、ヨーロッパをはじめとした硬水地域への進出を図るうえで必須でした。

水の問題に加え、もう一つ配慮が求められるのが規格です。日本人と欧米人では平均的な体格が違います。欧米の市場で勝負するなら、バスタオルなどは日本の規格より一回り大きなサイズで作る必要があるのです。

このような実情が分かったのが、海外の展示会を経験して得た大きな収穫でした。

セブンイレブンで販売するハンカチをＯＥＭ

話を国内に戻すと、２０１２（平成24）年には、私の会社のハンカチがセブンイレブンで取り扱われるようになりました。これはセブンイレブンのブランディングを担当し、ロゴマークや商品デザインまで幅広く関わっている佐藤可士和氏のつながりで始まったプロジェクトでした。

タオルというのはその構造上、薄くて軽く、そして耐久性のある生地を作るのに高い技術が求められます。ポケットに入れてもかさばらず、かといってすぐ破れるようなことのない強度をハンカチにもたせるというのは、なかなか難しいことなのです。

薄くて強い生地に仕上げるなら、細さと強度が両立している高級な綿を使う必要があります。選んだのは、スーピマコットンの細番手で、この糸を加工するのにも技術と経験がいります。早くからプライベートブランドづくりに取り組み、高級な糸を惜しまず使って技術と経験を磨いてきたからこそ、条件を満たすハンカチが作れたのだと思います。

商品化にあたっては20社による合同コンペが行われ、そこで私の会社のハンカチが採用されました。ハンカチについた今治タオルのロゴの近くに、0990という番号があれば、それは私の会社で作った証です。

全国のセブンイレブンで自社の商品が販売されるなど、昔なら考えられませんでした。組合で行った今治タオル産地の認知度調査では私の会社が東京に事務所を構えた翌年にあたる2004（平成16）年で36・6％、今治タオルプロジェクトが進行中の2008年が50・2％という数値でした。しかし2012（平成24）年の同調査では71％にまで上昇し、ようやく全国区の存在となりました。セブンイレブンをはじめとした大企業とのコラボレーションができるのも、ブランドとしての認知度が高まったからこそです。

認知度の向上とともに、今治タオルの販売数も伸びていきました。全体の販売数を測るものとして、組合がメーカーに出荷した今治タオルのネームタグの枚数が指標となりますが、これは2012（平成24）年には3600万枚に達しています。当時を思い返しても、今治タオルのロゴが付いているだけで高級品として扱われ、売れていくという状況でした。海外からの輸入品にシェアを奪われ苦労していた1990年代にこんな未来を描けた人は、きっと今治にはほとんどいなかったはずです。一度は消費者から忘れ去られた今治というタオル産地が、今再び日本で広く知られるようにまでなったのですから、メディアに奇跡の復活などと取り上げられたのもうなずけます。

ただし、人気が出たのはあくまで今治タオルというブランドであるという点には、注意しなければならないと私は考えていました。確かに会社単位でもブランド人気の恩恵を受けていましたが、消費者のなかには、今治タオルという会社があると勘違いする人もよくいたほどで、個別の社名はまだまだ知られていませんでした。

この人気にただぶら下がっていると、いつか必ず痛い目を見る可能性があります。たとえ今治という地名のブランド力が低下しても生き残れるよう、追い風のなかにいる今こそ自社ブランドを広める努力をすべきだと考え、以後、私はブランディングのためのさまざまな施策を行うようになりました。

その最たるものが、2013（平成25）年に無事、再建を果たした歌舞伎座のオープンに合わせた、イデゾラ銀座店のリニューアルでした。私たちは店名をイデゾラからパレスホテル東京にある店舗と同じ今治浴巾と改めたのは、のちの店舗展開においてブランドを統一したかったのに加え、日本から世界に向け、自社の商品の魅力を発信していこうという決意表明でもありました。

これでブランドとしての軸がしっかりと固まったと手応えを感じた私は、本格的に多店舗展開へと乗り出し、自社ブランドを広めていく方針を固めたのでした。

未来を見据え、さらなる店舗展開を決意

店舗の拡大に向けた下準備をしているさなかのこと、会社のホームページを通じてアメリカからメールが届きました。あるデザイナーから、自分のブランドのタオルを作ってほしいという依頼が来たのです。

そのブランドは、ハイクオリティなカジュアルブランドとして世界的に知られています。シンプルながら洗練されたデザインと、高い品質によりハリウッドセレブが愛用していた

ことで、人気に火が付きました。ブランドを代表するアイテムであるカットソーを中心に上質で肌触りのよいコットンから作られた商品群は、カリフォルニアブランドらしい堅過ぎない雰囲気があります。

そのブランドは、アジア初の路面店をオープンさせたばかりでした。店内にはオリジナルのソファ、サーフボード、ビーチクルーザーなどがディスプレイされ、暖かな西海岸のライフスタイルが感じられる空間が演出されています。私は一目でそのブランドが気に入りました。

そこから2回ほど小口の仕事をやったあと、デザイナーから、ぜひ日本に行って私と会ってみたいという要望を受けました。そして実際に来日し、パレスホテル東京に宿泊して今治浴巾銀座店を見学してくれたのです。

ブランドのイメージどおり、彼には気取ったところがなく、とても親しみやすい人でした。常に微笑みを漂わせていて、どこか少年のような雰囲気もあります。

彼はタオルと店を手放しで称賛してくれたうえで、ぜひ自分のブランドのタオルを本格的に作ってほしいと改めて依頼してくれました。私の側に断る理由はありません。こうして２０１３（平成25）年11月から、そのブランドのＯＥＭがスタートしました。

基本的なやりとりはすべてメールで行っていきましたが、そこに書かれた内容は決して簡単なものではありませんでした。今治タオルのなかでも最高レベルの商品を例に出し、ブランドのタオルもこのようなものにしたいというのですが、ＯＥＭとしてそれを流通させるにはかなりのコストが掛かります。品質とコスト管理を両立させるのに骨が折れました。

しかしデザイナー本人が今治タオルを気に入ってくれたのは、本当にありがたいことです。その期待に応えるべく、世間で流通しているタオルとは一線を画す、最高品質のタオルを毎年、届けています。

なお、この頃は自社のプライベートブランドの売上が徐々に伸びてきてはいましたが、全体の売上を支えているのはＯＥＭであり、まだまだその仕事が主流でした。プライベートブランドの利益率を高めるには、生産量を増やしてコストを抑える必要があり、それには店舗拡大が不可欠であると私は考えていました。

店舗を増やしていき、いつかＯＥＭとプライベートブランドの売上を逆転させてみせるという意気込みです。そのためには10店舗は欲しいところですが、いきなりは無理ですから、これまで同様地道に行くしかありません。私はそうして、未来に向けた戦略を練っていました。

第5章

顧客ニーズの追求が
今治ブランドのものづくりを
強化する――

歴史と伝統のある町を狙い、店舗を出店

2014（平成26）年に入ってすぐ、今治浴巾の横浜元町店を出店しました。東京の都心部に銀座、丸の内という2つの店舗を構え、次に私が目指したのが新たな大都市、横浜でした。物件を探すにあたり決めていたのは、おしゃれでかつ落ち着いたイメージのある大人の街に店舗を作るということです。

立地戦略は非常に重要な経営戦略の一つといえます。人口構成、地理的な特性、住民のライフスタイルなどさまざまな角度から、その街の特性と自社の商品やサービスがマッチするかを分析し、ターゲットとする顧客がより集まりやすい場所に狙いを定める必要があります。コンビニやドラッグストア、飲食店などの大手チェーンでは店舗開発専門の部署を置き、戦略的に店舗展開を行っていますが、中小企業ではそこまで本格的に実践されてはいない印象です。ただ大通りに面していればいい、1階の物件ならいいというわけではなく、自社のビジネスモデルに合った選択を行う必要があります。

ブランディングにおいても、店舗がどこにあるかで世の中に与える印象は大きく変わっ

てきます。例えば美容室なら原宿や青山といった場所にあるだけでおしゃれに感じ、築地にあるすし屋と聞けば味がよさそうに思えるはずです。物件選びは、ときにブランディング戦略を左右するほどの大きな要素なのです。

3店舗目の出店を計画するにあたり私の頭に浮かんだのが、横浜の元町でした。横浜市中区の北部に位置する元町エリアは、横浜港が開港した時代から西洋文化が広まった場所で、150年以上の歴史をもつ元町商店街が有名です。1970年代にはファッションや音楽など数々の流行の発信源となり全国的に名を知られた地域ですが、その後もすたれることなく、今ではおしゃれで洗練されたイメージが確立しています。日本有数の高級住宅街である山手エリアに隣接し、周囲には港の見える丘公園や横浜中華街といった有名スポットも数多くあって、横浜に住みたい人にとっての憧れの場所の一つとなっています。

街に歴史と伝統があるというのは、私が思い描くブランディング戦略と親和性の高い要素でした。また、創業以来の理念である「まじめな、ものづくり」を実践するとどうしても価格が高くなりますから、高級志向の人が買い物に来る街のほうが条件に合っているわけです。

私はたびたび、横浜元町に足を運んで物件を探しました。ときには建設中のビルを見つけてその持ち主と連絡を取り、店舗用のスペースがないものか聞いたことあります。そうして現地に通ったからこそ、元町通りからほど近い現在の物件と出会えたのです。

また2014（平成26）年の8月には、セレブな街として知られる東京・二子玉川への出店を果たしています。現在は高級マンションが立ち並ぶ二子玉川の歴史は古く、大正から昭和初期にかけて風光明媚な景勝地として発展したのが始まりです。目の前には多摩川が悠然と流れ、その背後には緑豊かな丘陵地があって富士山も望めるというすばらしい立地から、政財界の著名人たちの別荘が立ち並び、川沿いには料亭が軒を連ねていたといいます。

しかし1969（昭和44）年に、日本初の郊外型ショッピングセンターといわれる商業施設が開業して以来、東急田園都市線の一大商業拠点となり一気に近代化が進みました。近年に入ってさらにオフィスやタワーマンションが増え、都市機能と自然がバランスよく共存する人気のエリアとなりました。二子玉川もまた、横浜元町と同様に歴史と伝統、そして高級志向の人が集まる街という条件を満たしている場所といえます。

実は私は大学時代、二子玉川に住んでいた経験があります。ランドマークであるショッピングセンターは当時からあったにせよ、駅の裏手には動物園や映画館があり、のどかな

今治浴巾二子玉川店

雰囲気だったと記憶していました。新店舗の候補地として久々に街を訪れたときには、昔の面影がまったくないことに驚いたものです。

さっそく不動産屋をいくつかのぞいてみましたが、どこに行っても路面店は絶対に空かないから路面店は無理だという答えが返ってきました。物件自体がそれほど多くないうえに、その人気の高さから、一度入ったらなかなか手放そうとする店がないといいます。

それを聞いた時点で半ば諦めていたのですが、その後ギフトショーに出展するためたまたま東京にいたタイミングで知り合いから電話が入り、絶対に空かないはずの物件に、まさかの空きが出たと聞きました。私はその足でその店舗へと向かい、即決して契約を結びました。今思うと、二子玉川という場所に不思議な縁を感じます。

それからは年1回のペースで出店を続け、2015（平成27）年には関西の拠点とするべく今治浴巾京都店を、2016（平成28）年には九州地方の中核都市、福岡に今治浴巾福岡店をオープンしました。そして2023（令和5）年の現在は目標10店舗に対し、9店舗となり、目標達成が目前となっています。

ぼや騒ぎで決意した、新たな設備投資

出店攻勢をかける一方で、設備投資も続けてきました。高速レピア織機をどんどん増やし生産性を高めつつ、タオルに染料プリントができるインクジェット機や小ロットでの試作が可能なサンプル整経機など、商品の幅を広げるための設備も導入してきました。特にサンプル整経機により、商品開発のフットワークがさらに軽くなったのは大きかったと思います。

設備投資において、一つの節目となったのが2014（平成26）年です。1980年代

から稼働し、次々と入れ替えして4台だけ残っていた旧式の高速革新織機を、最新鋭だったトヨタエアジェット織機に入れ替えたのです。当時、今治ブランドが脚光を浴びていたことで、パジャマに使う生地などの生産が追い付かないという状態が慢性化していました。高性能な織機に替えて生産力を上げたいのはやまやまではあったのですが、織機の入れ替えは大規模な投資になりますから、なかなか具体的な手を打てないままやり過ごしているような状態だったのです。

しかし、ある日予想もしなかったことが起きます。夜、家に帰ってくつろいでいると、火災報知器の音が鳴り響き、その瞬間、顔からさっと血の気が引きました。

織物の工場で火事は最も恐ろしいものです。工場内では繊維から出た埃が充満しており、これに引火すると、それが導火線となって火があっという間に工場内へ一気に広がり、大火災へと発展しかねません。わが社では埃を吸い取る空調システムを導入していますが、それでも気を使い、細心の注意を払っていました。

慌てて工場へと走っていくと、4台あった旧式の高速革新織機のうち1台から火が上がり、工場内は白い煙が充満していました。

幸いにもその時、すぐに消火活動をしたので大事には至りませんでした。

その後、なぜ火が出たのか詳しい調査を行いましたが、いくら調べても原因が分かりません。原因が分からないということは、再発を防ぐ手立ても考えようがないということになります。そして、もし次に同じことがあったとき、取り返しのつかないことになる可能性は十分に考えられるのです。私は藤原と話し合い、今こそ替え時だと決断しました。

かねてから、新たな織機のめどはつけていました。トヨタですばらしい織機が開発されたのを知っていたのです。トヨタといえば今や誰もが知る世界的な自動車メーカーですが、創業時は織機のメーカーでした。発明家を志した青年、豊田佐吉が1890（明治23）年に豊田式木製人力織機を開発し、それから2年後に東京・千束で織機の販売を始めたのがトヨタの原点です。そして現在でもトヨタグループの一員として豊田自動織機の名をそのまま残し、最新鋭の織機の開発製造を行っています。

名古屋の豊田自動織機で初めて対面したトヨタエアジェット織機の性能は圧倒的なものでした。サウラー織機が1分間で300回転という生産能力であるのに対し、トヨタエアジェットは500～600回転と、2倍近くの性能です。タオル地のパイルがきれいにそろうなど、よりタオルの質にこだわれるようになるのも間違いありませんでした。

唯一のネックは価格ですが、最新鋭の設備への投資は製造業の宿命であるというのが私の考えです。銀行の融資を受け、4台一気に導入しました。これにより生産量をぐっと伸ばすことができ、慢性的な生地不足を解消できました。その性能に惚れ込んだ私は、2016（平成28）年と2017（平成29）年にもトヨタエアジェット織機を2台ずつ導入し、生産体制を盤石に整えました。

新しいニーズを求めて開拓を続ける

店舗展開、そして設備投資となにかと忙しかった2014（平成26）年ですが、顧客ニーズを追求する手を休めることはなく、アジア市場への進出も視野に入れて動き出していました。

2014（平成26）年3月、シンガポールで行われたメゾン・エ・オブジェ・アジアに出展したのです。毎年パリで開催され、過去に出展したことのあるメゾン・エ・オブジェがアジアで初めて開催されるということで、今治タオル工業組合としてアジア市場に打って出ようという運びとなりました。

実は組合では過去に一度、アジア圏の展覧会に参加しています。2011（平成23）年に中国で行われた上海国際ギフト展です。出展にあたっては中国の高級志向の人がターゲットとなると期待されていましたが、ふたを開けてみれば現地のバイヤーは価格や知名度の話ばかりで品質にはほとんど興味を示さず、成果が上がりませんでした。

上海国際ギフト展に来たのはほとんどが中国人のバイヤーで日中の感覚の違いを感じたものですが、シンガポールならより国際色豊かなバイヤーたちが集まるはずなので、良いビジネスチャンスに巡り合えることが期待できます。実際にメゾン・エ・オブジェ・アジアでは、アジア各国に加えオーストラリアやアフリカからもバイヤーが来ていましたから、中国と同じ轍を踏まずに済みました。

今治タオルの隣のブースに入っていたのがトルコのハマムというタオルブランドでした。トルコは良質な綿花の生産国として知られており、コットン産業も盛んです。しかも日本と同様に古くから風呂が存在し、蒸し風呂が伝統文化となっています。ちなみにトルコ式蒸し風呂のことをハマムといいます。

ハマムのタオルは高品質で、吸水性に優れているのが売りです。伝統文化をブランド名に使って海外に向けて商品の魅力を発信しており、すでにヨーロッパでは大きく成功していたタオルブランドでした。まさに今治のライバルであり、一歩先をいくブランドといえます。

そんな相手が隣にきたものですから、果たしてこちらに来場者が流れてくるのかとはらはらしましたが、その心配は杞憂に終わります。今治タオルで行った、おろしたてのタオルをその場で水につけて吸水させるデモンストレーションなどが功を奏したのか、ブースを訪れた人の数は今治の圧勝でした。

今治タオルのブースに並んでいた商品のうち3分の1ほどは私の会社の商品群でした。他社に先駆けて自社ブランドの商品を開発してきたため、商品のバリエーションはどこよりも多く持っていたのです。

メゾン・エ・オブジェ・アジアは、好評のうちに幕を閉じました。今治タオルの商品も、アジア地域のバイヤーたちから非常に高く評価してもらったのに私は手応えを感じ、アジア市場への進出を本格的に検討し始めました。

ラッフルズ・ホテルとの取引がスタート

アジア進出を目指し、私は市場調査を開始しました。その足がかりとなる拠点としてシンガポールに駐在員事務所を作ったのが2015（平成27）年5月のことです。

中小企業が海外進出を図る場合、いきなり現地法人や支店を設立するのにはリスクがあります。果たしてどれくらいビジネスができるか未知数なうえ、法律や商習慣の違いなどで思わぬ壁に直面することも多いからです。したがって、まずは視察や市場分析を行う拠点として駐在員事務所を置くというのが定石です。駐在員事務所には現地での営業権がなく、そこで事業を行って利益を上げることは許されていませんが、その分登記などの法的な手続きも必要ないため、比較的気軽に設置できます。

なぜシンガポールにしたのかというと、メゾン・エ・オブジェ・アジアが開催される地であるということのほかに、地元愛媛の伊予銀行の駐在所があったというのも大きかったです。なおシンガポール事務所には次男の村上智也を派遣し、所長に任命しました。

そうして現地で市場調査と分析を続けつつ、2016（平成28）年にメゾン・エ・オブジェ・アジアへ出展した時のことでした。その時はすべてを智也に任せていたのですが、展示会も終わろうかというタイミングで、一人の男性がタオルを称賛しながら智也に商談をもち掛けてきました。いきなりそんなふうに話しかけられ、素性を聞けばラッフルズ・ホテルのバイヤーであると言います。

ラッフルズ・ホテルは、シンガポールではその名を知らぬものがいないほど有名で、世界中からセレブが集まる最高級ホテルです。イギリス植民地時代の面影を色濃く残す白亜の優雅な外観と、コロニアル様式の風格ある建物が特徴で、歴史的建造物として指定されています。このホテルが発祥といわれるカクテルのシンガポール・スリングは、今や世界中で愛されています。そんなワールドクラスのホテルのバイヤーからいきなり取引の話が出ても、最初は信じられず、どうせ冷やかしだろうと思っていたようです。

海外の展示会に行くと分かるのですが、いいですね、ぜひ取引したいというフレーズはいわば社交辞令であり、その会話から実際に契約までたどり着くのはごくわずかで、展示会の現場ですぐ商談というケースもまれです。智也も最初は話半分で聞いていたようですが、相手の熱意や話の具体性から、これは本気だと感じたと言います。

バイヤーは、メゾン・エ・オブジェ・アジアを巡り歩いて、ホテルのスーベニアショップで販売する商品を探していました。それで今治タオルのブースが目に留まり、イデゾラのタオルを大いに気に入って、話を持ち掛けてきたそうです。

バイヤーは、ラッフルズ・ホテルというシンガポールを代表する格調高いホテルで取り扱うものはすべて最高品質でなければならないと考えており、タオルについても今治の最高の製品が欲しいと頼み込んできました。

そんな依頼を受け、すぐに仕様についての細かな相談に移り、商談はとんとん拍子に進んでいきました。最終的に、ホテルを象徴するパームツリーのロゴを刺繍したタオルと、それを入れる専用の箱、そして丸栄タオルの紹介が書かれた説明書をそろえて納品することになりました。

タオルについては既存の商品で十分自信がありましたが、意外に手間が掛かったのは箱のほうでした。文字や柄を浮き上がらせるエンボス加工を施したのですが、型から起こして開発する必要がありました。

こうして6カ月ほどで作り上げたラッフルズ・ホテルのタオルは、いまだにスーベニアショップで取り扱われています。これはアジア市場での最初のOEMとなりました。

新社屋の完成と、新たなロゴに込められた思い

事業が順調に伸びていったのに伴って社屋は手狭になってきました。特に社屋と併設した工場は、場所により人が入れないほど商品が積み重なり、明らかに生産性が落ちていました。しかし工場を含め社屋を刷新するとなると、織機を1台入れるのとはわけが違います。数億となるプロジェクトをそう簡単に決めることはできません。

ある日とある設計事務所の人とお酒を飲んでいた時に、いつか新社屋を建てたいという胸の内を打ち明けると、その翌日、その設計事務所からさっそく営業マンがやってきました。

私は酒の席での話であり、お金もなく敷地も狭いから無理だと再三断ったのですが、営業マンはまったく引きません。とりあえず軽く設計図でも描いてみると言って後日、本当にラフ案を持ってきたのでした。

図面を見てしまうと、夢物語だった新社屋が手の届くところまで来ているように感じました。が、お金がなければどうにもならないのも事実です。ひとまず営業マンを帰してから、

取引銀行に連絡を入れてみました。はっきりいって、数億単位の融資が受けられるなど思っていませんでした。どうせ断られるだろうと思いつつ、今の会社の状態でいったいいくらなら借りられるのかという興味もありました。すると、驚くことにとんとん拍子で融資の話が進み、資金のめどが立ったのです。

条件がそろった以上、もうやるしかありません。社屋の建て替えという一大プロジェクトはトップにしか決断できない話であり、私が決めなければいつまでたっても実現しないのです。ちょうど2年後に創業60周年が控えていたことに合わせて新社屋を建設し、お披露目するという目標を立て、プロジェクトはついに動き出しました。そうして2018(平成30)年1月に完成したのが、現在の社屋と工場です。特に工場の設計にはこだわり抜き、作業効率と安全性、そして働く人の快適さを徹底して追求した仕様になっています。

例えば、サンプル整経機を所有し、さまざまな糸から素早くサンプルを作れるようになっています。糸の保管については、鉄製の巨大なボビンであるビームを幾重にも置けるビームストッカーを設置しています。その構造は3階まで吹き抜けの車の立体駐車場のようになっており、ボタン一つで昇降可能です。

タオルを織るはた場には、温度を25度、湿度を70%に管理する空調システムが入っています。この温度と湿度が糸にとってベストであるというのが私の会社の結論です。そして20台の織機が4列に配置されており、そこで出た埃は織機の下部にある吸気口に吸い込まれていき、フィルター室を通って風綿が除去され、シャワー室を通り湿度を含んできれいになった空気が再び工場へと循環する仕組みです。

仕上げ場は事務所の横に設けられ、ガラス張りになっており、すぐに進捗状況をチェックできるようにしてあります。全風量空調システムにより検品で発生する埃を床から吸い込み、作業者がより快適に働ける環境を実現しています。商品棚にも最新のピッキングシステムを導入し、どの棚になにがあるかの管理はすべてコンピューターが担っています。現時点で、商品のSKUは4000を超え、それらの在庫をリアルタイムで把握し、すぐに発送できるシステムとなっています。荷造りした段ボールはベルトコンベアに載って1階まで運ばれ、配送車に直接積み込むことができます。豊富なSKUと、それをスムーズにデリバリーできる仕組みがあって初めて、店舗を出せるのです。

屋上には150㎾hの太陽光発電パネルを設置しています。自然素材を扱う会社として、太陽光パネル自体は2012（平成24）年の時点ですでに設置していましたが、当初のおよそ1・5倍に増設しました。

丸栄タオル新社屋外観

maruei towel

ひびのこづえ氏がデザインした丸栄タオルのシンボルマーク

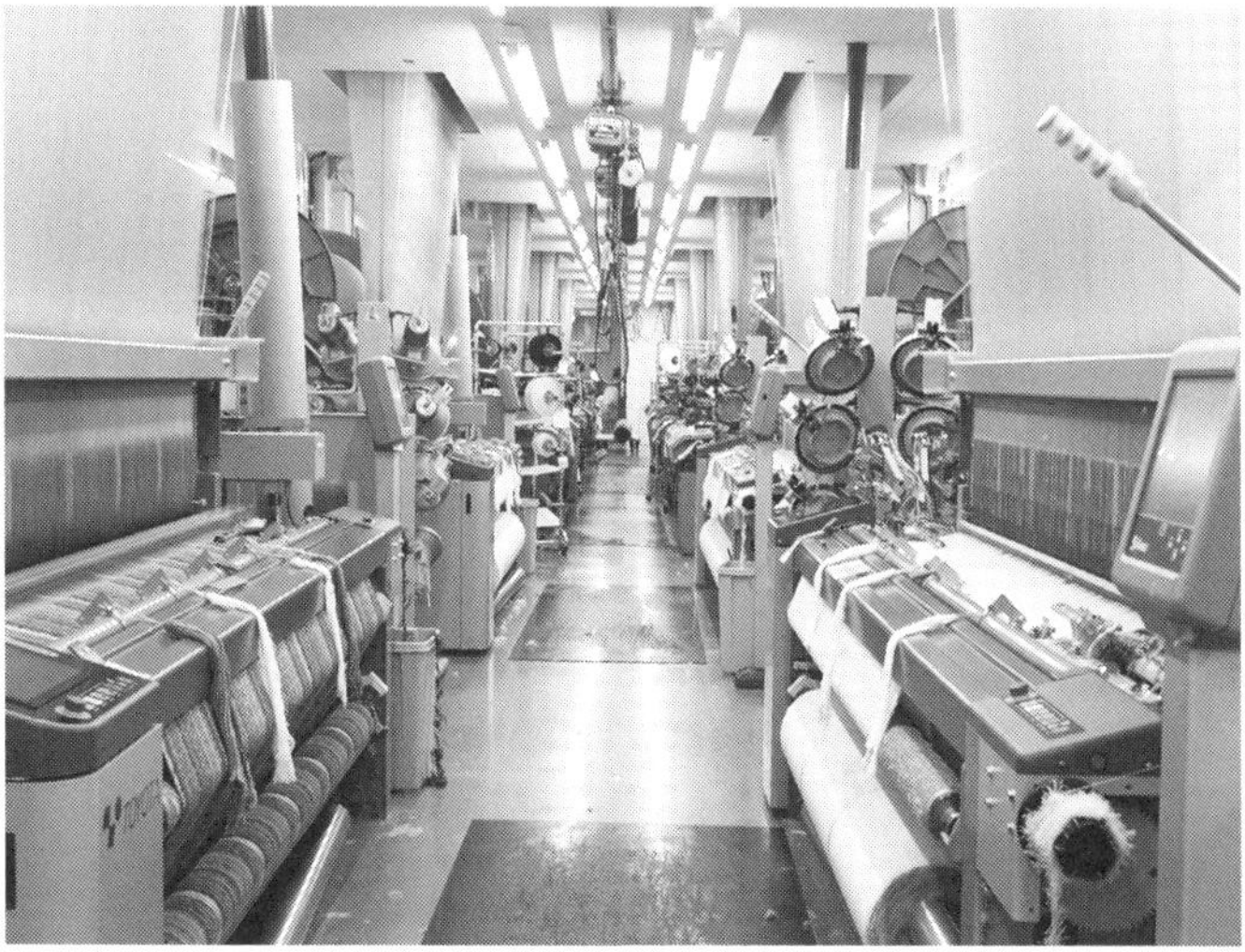

はた場

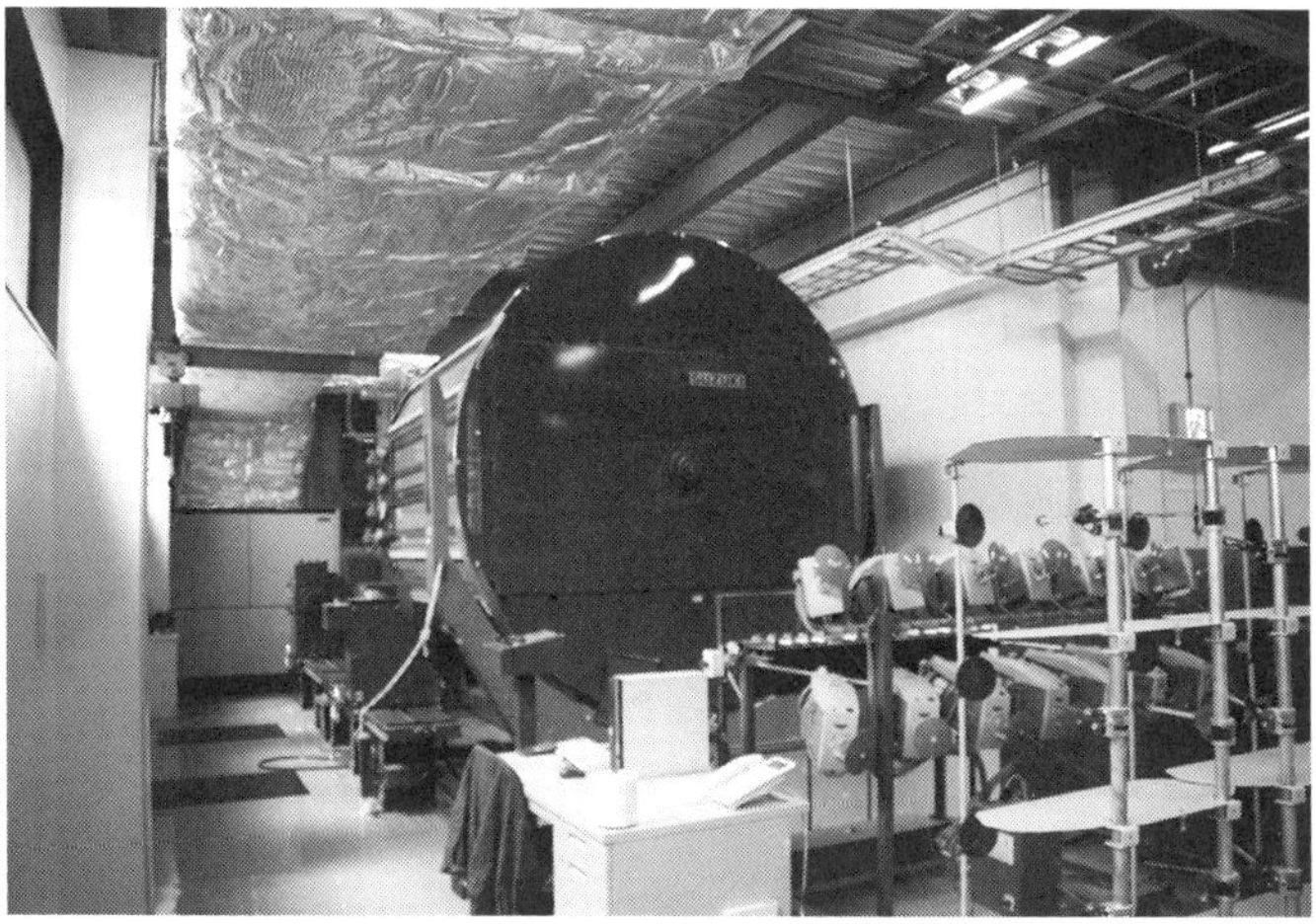

サンプル整経機

新社屋が完成するのとタイミングを合わせ、ひびの氏には会社のシンボルマークを新たにデザインしてもらいました。

丸みを帯びたマークは一見すると雲のように見え、柔らかな印象ですが、拡大して見ると実は曲線は一つもありません。繊維の直線性と綿の柔らかさを共存させたという、実に秀逸なデザインです。社内では丸栄コットンマークと呼んでいます。

新マークについてのひびの氏の説明は、最初のタオルのときと同様、皮肉っぽくも親しみに満ちたものでした。彼女が言うには、直線だけで構成されたデザインは私の頑固さを表現しているそうです。これからも丸くならないでほしいというひびの氏の願いが込められているとのことで、そう語りながらにやりと笑うひびの氏の笑顔に、私の口元も緩んでしまいました。もちろん、このデザインは私としても大いに気に入っています。

ひびの氏との付き合いは現在も続いており、会社の歴史を語るうえでは外せない人物です。今治タオルプロジェクトでの出会いがなければ今の丸栄タオルはないと、私は深く感謝しています。

売上の半分を
プライベートブランドでつくれるほどに成長

新社屋の建設プロジェクトがもち上がった2016（平成28）年には、経営戦略も刷新しました。それまでは、国内の展示会にとにかくよく顔を出していたのですが、参加を取りやめると決めたのです。その理由は、店舗が増えたことで365日直営店で展示販売会を行っているようなものであり、店舗で商品の魅力を発信すればいいと考えるようになったからでした。そして実際に2016（平成28）年には、今治浴巾二子玉川店で内覧会を行い、好評を博すことができました。

またブランディング戦略も見直しました。それまでコーポレートサイトと一緒になっていた今治浴巾のブランドサイトを独立させる形で新たに立ち上げ、今治浴巾をより明確に打ち出したのです。これらはECサイトではないので、改善したからといって直接的に売上が伸びることはありません。しかし、ブランドや職場環境といったすぐには効果が出ないものにも惜しまず投資をしていくというのは、中長期的に見れば会社の成長に欠かせな

綿を収穫するコットンピッカー（アメリカ）

いと私は考えています。また、ＥＣサイトについては２０１８（平成30）年に見直し、そこからさらに力を入れるようになりました。これまでは自社のＥＣサイトに頼っていましたが、自社のＥＣサイトを充実させてそこからの販売量が増えれば、マーケティング力が格段に上がります。顧客情報を集め、データを分析したうえで、メールマガジンや購買傾向に合わせたレコメンドなど、攻めのマーケティング施策が打てるようになるのです。

こうしてＢｔｏＣ戦略を磨きあげる一方で、ＯＥＭの受注も順調に進んでいます。

そのうちの一つに、ある、ラグジュアリーホテルの話があります。

そのホテルの総支配人はパレスホテル東京のバスマットを知っていて、新しく日本でオープンするホテルではぜひ使いたいと強い要望を出していました。多くの業者がパレスホテルのものを研究してサンプルを上げたのですが、総支配人は満足しません。結局製造元である丸栄タオルに話が回ってきて、サンプルを差し出すと即座に導入が決まり、オープンに合わせて5000枚のバスマットを納品することになったのでした。製造したメーカーの名前は知らなくても、製品については知っているというのは、ものづくりにこだわってきた身としては最高の栄誉です。そうして商品が認められ、それ自体が営業をしてくれるというのは、メーカーの一つの到達点であると思います。ブランド全体としてそんな到達点を目指すべく、2019（令和元）年から高価格帯の商品から見直しを掛け、原材料をさらにレベルアップさせています。自ら海外に出て探し求め、畑を見てから直接契約するというのが私のやり方です。

2019（令和元）年に私が訪問したアメリカの広大な綿花畑では、2階建ての家ほどもある巨大な機械で一気に収穫する様子を見て驚きました。そこには合理性を重視するアメリカらしいダイナミックさがありました。その翌年にはインドの最南端のコインバトールに飛び畑に行ったのですが、そこでは収穫に何百人もの人手をかけて、すべて手摘みで

インドスビンゴールド綿の手づみによる収穫

綿花を集めるという、まさにアメリカとは真逆の風景がありました。

私たちが現在使っている糸は、この時に開拓したインド綿です。具体的には、タミールナドゥ州産の超長綿スビンゴールドのなかでも最高品質のものを100%使っています。インド綿は油脂分が多く独特のぬめり感があるのですが、手摘みで収穫するため油脂分が損なわれません。繊維一本一本が細かく繊細で、しっとり柔らかい極上の肌触りを生み出します。

こうして徹底的に原材料にこだわるのは、自社製品のファンになってもらうための基礎作りにほかなりません。いくら最高品質の商品といっても、青天井で価格をつけられるわけはありませんから、こだわるほど利益率は落ちていきます。しかし実は、その分商品自体が営業をしてくれるようになり、営業力がアップしていくのです。

仲介業者を通さずに直接、海外から原材料を仕入れることでいいものを安く仕入れるルートをつくり、さらには商品を直営で販売できる店舗もあるというのが、事業の成長を支えています。そのおかげで、現在は売上の50%をプライベートブランドで作ることができるようになりました。

自社だけでは叶わない「まじめな、ものづくり」

私たちはプライベートブランドを着実に成長させてきましたが、決して自社だけでここまで歩んできたわけではありません。先晒し先染めという特徴をもつ今治のタオルづくりは、伝統的に分業制で行われてきており、染めを担ってくれる染色会社を抜きにしては語れないのです。

染色会社は、タオルを織る前の糸の染めや漂白、そしてメーカーで織った生地に対し洗いや染色といった最終加工の重要な担い手です。この染色会社との関係性は、いきなり作れるものではありません。メーカーで使用する糸の違いによる縮み具合や染料の入り方などを把握し、うまくさばいてくれるようになるまでには相応の時間が必要です。そうして染色会社ともちつもたれつの関係を構築し、二人三脚で進んできているのが、今治のタオルメーカーなのです。そのほかに、タオルの表面にプリントを施してくれるプリント会社や、タオルを作るにあたり、関係のあるすべての業者の皆様が、重要なビジネスパートナーです。このような人々に支えられているからこそ、私たちは高品質な商品をスピーディに生産できています。また、パートナーという点でいうと、社員たちも本当に大切な存在です。会社の成長は、そこで働く社員たちの成長の結果もたらされるものです。

現在私は、社員育成の拠点となる新たな店舗として、今治市に直営店10店舗目となる今治浴巾本店を構える計画を進めています。今治浴巾のフラッグシップとなるこの店舗に、全国に散らばる社員たちが研修に来て、今治の大自然に触れ、歴史を感じ、実際にタオルの生産現場を見て、商品の背後にあるストーリーを心を込めて語れるようになってほしいのです。そうすることで、会社の枠を超えて今治という地域、そして今治タオルがこれまで刻んできた歴史や思いを次世代へと継承していけると私は信じています。コロナ禍により、海外市場への進出をはじめとしたいくつものプロジェクトが停滞を余儀なくされ、店舗の売上も厳しい状況が続いてきましたが、やるべきことは今後も変わりません。「まじめな、ものづくり」を続け、一歩一歩、着実に歩を進めていくことが大切です。

おわりに

先進国のうち、タオルの生産地をもつのは日本しかありません。例えばヨーロッパの先進国では、タオル生産のすべてを国外に依存しています。

こうした日本ならではの特徴を強みに変え、ＳＰＡへと踏み出しているのが今治タオルの現在地であり、私たちの進んできた道でもあります。そしてそれが可能なのは、不遇の時代を生き残ってきたからこそです。

今治のタオルメーカーは、ＯＥＭの受注生産ばかりを追ったことで、一度は親会社や当時の得意先への依存体質に肩までつかってしまいました。結果として親会社や当時の得意先との間に確固たる上下関係が生まれ、指示された商品しか作れなくなり、価格をどんなに絞られても仕事を断れなくなりました。

私はひねくれ者ですから、そうした構図のなかにとどまるのが嫌で、なんとか抜け出そうともがいてきました。１９９０年代からいち早くプライベートブランドの開発に着手したのも、最初は言いなりになってたまるかという反骨精神ゆえのことでした。

当時、お世話になった親会社や問屋さんに反旗を翻すというつもりではなく、自立がしたかったのです。今治タオルというブランドが確立した現在では、その関係は対等になっています。問屋さんは大切なパートナーであり、取引していただけるのがありがたいことは今も昔も変わりません。双方の立場を理解し、お互いリスペクトをしながら永く関係を継続していくことで、産業の未来を創造し、社員や家族の幸せを守ることにつなげていけるのだと考えています。

現在国内のタオル市場は、リーズナブルなタオルと高品質で高級な至高タオルに二極化しています。生き残りをかけて切り拓いた高級タオルという新たな市場のおかげで、今治は再びタオルの名産地として知られるようになりました。

ただし、そうして奇跡の復活を成し遂げてから、すでに10年以上経っています。もはや今治タオルというブランドをつけるだけでは売れない時代に入っているという現実と向き合う必要があります。

今治タオルの認定を受けたとはいえ、小物が数百円で流通し、市場に溢れてしまえば、そのブランドの価値は下がります。現在はまさにそんな状況で、ブランドにすがり、なんの工夫もせずにただ割安なタオルだけを売っていては経営は難しいはずです。だからこそ今後は、今治の各メーカーが自社のブランドを打ち出していくのが大切です。

今治ブランドを基盤として、ここまでで培ってきた信頼性は活かしつつ、最終的には自社というブランドで商品が選ばれるようにするというのが、次に目指すべき場所だと私は考えています。ワインでたとえるなら、ボルドー地域のこのシャトーのワインが欲しいというように、自社のタオルを選んでもらうのです。

これは今治ブランディングプロジェクトの新たな方向性でもあります。佐藤可士和氏は、今後の展開をブランディングの第2フェーズと位置づけ、「今までは戦略的に団体戦を仕掛けていた。これからは各メーカーの個人戦になる」と述べています。

丸栄タオルの歴史を振り返れば、その時々で壁に突き当たり、現状をなんとか打破しようとあがき続けてきました。結果としていち早くブランドとしての第二フェーズに向かうことができていますが、それは私に優れた先見の明があったというわけではありません。その時々でできることに全力をつくし、目の前にある組合事業にこつこつと取り組んできたという積み重ねにより、現在があります。

まじめな、ものづくり。

丸栄タオルの歴史は、この言葉に集約されているのです。

【参考文献】

佐藤可士和、四国タオル工業組合
『今治タオル奇跡の復活 起死回生のブランド戦略』朝日新聞出版（２０１４）

【著者プロフィール】

村上誠司（むらかみ せいじ）

1959（昭和34）年８月17日生まれ。愛媛県今治市出身。立正大学卒業後、日本橋の繊維問屋で３年修行ののち、丸栄タオルに入社して営業を担当する。専務として会社の実質的な運営を担い始めた1997（平成９）年に舌癌を患い、生死の境をさまよう。2004（平成16）年３月、代表取締役に就き、丸栄タオルの２代目社長となる。以後、プライベートブランドの設立や銀座への出店など数々の施策を打ち、それが成長の原動力となった。ラジオ番組の出演や地域団体での講演など情報発信も積極的に行っている。

本書についての
ご意見・ご感想はコチラ

JAPAN BRAND STRATEGY
今治タオルの発展とともに歩んだタオルメーカーの奮闘

2023年3月17日　第1刷発行

著　者　村上誠司
発行人　久保田貴幸

発行元　株式会社 幻冬舎メディアコンサルティング
〒151-0051　東京都渋谷区千駄ヶ谷4-9-7
電話　03-5411-6440（編集）

発売元　株式会社 幻冬舎
〒151-0051　東京都渋谷区千駄ヶ谷4-9-7
電話　03-5411-6222（営業）

印刷・製本　中央精版印刷株式会社
装　丁　田口美希

検印廃止

Printed in Japan
ISBN 978-4-344-94149-6 C0034
幻冬舎メディアコンサルティングＨＰ
https://www.gentosha-mc.com/